Paideia

视觉文化丛书

电影与伦理

被取消的冲突

[英]丽莎·唐宁（Lisa Downing）

[英]莉比·萨克斯顿（Libby Saxton） 著

刘宇清 译

重庆大学出版社

目 录

第1部分　表现与观众

总　序

毋庸置疑，当今时代是一个图像资源丰裕乃至迅猛膨胀的时代，从随处可见的广告影像到各种创意的形象设计，从商店橱窗、城市景观到时装表演，从体育运动的视觉狂欢到影视、游戏或网络的虚拟影像，一个又一个转瞬即逝的图像不断吸引、刺激乃至惊爆人们的眼球。现代都市的居民完全被幽灵般的图像和信息所簇拥缠绕，用英国社会学家费瑟斯通的话来说，被"源源不断的、渗透当今日常生活结构的符号和图像"所包围。难怪艺术批评家约翰·伯格不禁感慨：历史上没有任何一种形态的社会，曾经出现过这么集中的影像、这么密集的视觉信息。在现今通行全球的将眼目作为最重要的感觉器官的文明中，当各类社会集体尝试用文化感知和回忆进行自我认同的时刻，图像已经掌握了其间的决定性"钥匙"。它不仅深入人们的日常生活，成为人们无法逃避的符号追踪，而且成为亿万人形成道德和伦理观念的主要资源。这种以图像为主因（dominant）的文化通过各种奇观影像和宏大场面，主宰人们的休闲时间，塑造其政治观念和社会行为。这不仅为创造认同性提供了种种材料，促进一种新的日常生活结构的形成，而且也通过提供象征、神话和资源等，参与形成某种今天世界各地的多数人所共享的全球性文化。这就是人们所称的"视觉文化"。

如果我们赞成巴拉兹首次对"视觉文化"的界定，即通过可见的形象（image）来表达、理解和解释事物的文化形态。那么，主要以身体姿态语言（非言语符号）进行交往的"原始视觉文化"（身体装饰、舞蹈以及图腾崇拜等），以图像为主要表征方式的视觉艺术（绘画、雕塑等造型艺术），和以影像作为主要传递信息方式的摄影、电影、电视以及网络等无疑是其最重要的文化样态。换言之，广义上的视觉文化就是一种以形象或图像作为主导方式来传递信息的文化，它包括以巫术实用模式为取向的原始视觉文化、以主体审美意识为表征的视觉艺术，以及以身心浸濡为旨归的现代影像文化等三种主要形态；而狭义上的视觉文化，就是指现代社会通过各种视觉技术制作的图像文化。它作为现代都市人的一种主要生存方式（即"视觉化生存"），是以可见图像为基本表意符号，以报纸、杂志、广告、摄影、电影、电视以及网络等大众媒介为主要传播方式，以视觉性（visuality）为精神内核，与通过理性运思的语言文化相对，是一种通过直观感知、旨在生产快感和意义、以消费为导向的视象文化形态。

在视觉文化成为当下千千万万普通男女最主要的生活方式之际，本译丛的出版可谓恰逢其时！我国学界如何直面当前这一重大社会转型期的文化问题，怎样深入推进视觉文化这一跨学科的研究？古人云：他山之石，可以攻玉！大量引介国外相关的优秀成果，重新踏寻这些先行者涉险探幽的果敢足迹，无疑是窥其堂奥的不二法门。

在全球化浪潮甚嚣尘上的现时代，我们到底以何种姿态来积极应对异域文化？长期以来我们固守的思维惯习就是所谓的

"求同存异"。事实上，这种素朴的日常思维方式，其源头是随语言—逻各斯而来的形而上的残毒，积弊日久，往往造成了我们生命经验总是囿于自我同一性的褊狭视域。在玄想的"求同"的云端，自然谈不上对异域文化切要的理解，而一旦我们无法寻取到迥异于自身文化的异质性质素，哪里还谈得上与之进行富有创见性的对话？！事实上，对话本身就意味着双方有距离和差异，完全同一的双方不可能发生对话，只能是以"对话"为假面的独白。在这个意义上，不是同一性，而恰好是差异性构成了对话与理解的基础。因理解的目标不再是追求同一性，故对话中的任何一方都没有权力要求对方的认同。理解者与理解对象之间的差异越大，就越需要对话，也越能够在对话中产生新的意义，提供更多进一步对话的可能性。在此对谈中，诠释的开放性必先于意义的精确性，精确常是后来人努力的结果，而歧义、混淆反而是常见的。因此，我们不能仅将歧义与混淆视为理解的障碍，反之，正是歧义与混淆使理解对话成为可能。事实上，歧义与混淆驱使着人们去理解、理清，甚至调和、融合。由此可见，我们应该珍视歧义与混淆所开显的多元性与开放性，而多元性与开放性正是对比视域的来源与展开，也是新的文化创造的活水源泉。

正是明了此番道理，早在20世纪初期，在瞻望民族文化的未来时，鲁迅就提出：外之既不后于世界之思潮，内之仍弗失固有之血脉，取今复古，别立新宗！我们要想实现鲁迅先生"取今复古，别立新宗"的夙愿，就亟需改变"求同存异"的思维旧习，以"面向实事本身"（胡塞尔语）的现象学精神与工作态度，对所研究的对象进行切要的同情理解。在对外来文化异质性质素的寻求对谈过程中，促使东西方异质价值在交汇、冲突、碰撞中磨砺出思想火花，真正实现我们传统的创造性转换。德国诗哲海德格尔曾指出，唯当亲密的东西，完全分离并且保持分离之际，才有亲密性起作用。也正如法国哲学家朱利安所言，以西方文化作为参照对比实际上是一种距离化，但这种距离化并不代表我们安于道术将为天下裂，反之，距离化可说是曲成万物的迂回。我们进行最远离本土民族文化的航行，直驱差异可能达到的地方深入探险，事实上，我们越是深入，就越会促成回溯到我们自己的思想！

　　狭义上的视觉文化篇什是本译丛选取的重点，并以此为基点拓展到广义的视觉文化范围。因此，其中不仅包括当前声名显赫的欧美视觉研究领域的"学术大腕"，如米歇尔（W. J. T. Mitchell）、米尔佐夫（Nicholas Mirzoeff）、马丁·杰伊（Martin Jay）等人的代表性论著，也有来自艺术史领域的理论批评家，如布列逊（Norman Bryson）、格林伯格（Clement Greenberg）、埃尔金斯（James Elkins）等人的相关力作，当然还包括那些奠定视觉文化这一跨学科的开创之作，此外，那些聚焦于视觉性探究方面的实验精品也被一并纳入。如此一来，本丛书所选四十余种文献就涉及英、法、德等诸语种，在重庆大学出版社的大力支持和协助下，本译丛编委会力邀各语种经验丰富的译者，务求恪从原著，达雅兼备，冀望译文质量上乘！

　　是为序！

肖伟胜

2016年11月26日于重庆

致　谢

本书第 5 章论述列维纳斯和朗兹曼部分的早期版本，曾发表于《电影哲学》(《脆弱的面貌：列维纳斯与朗兹曼》，《电影哲学》，11[2]，2007，1-14)，在此处重印获得了该期刊的许可。第 7 章论述《易尔先生》部分的早期版本，曾发表于《帕特里斯·勒孔特》(曼彻斯特大学出版社，2004，97-104)，在此处重印获得了出版社的许可。

丽莎·唐宁希望感谢罗伯特·吉勒特，他们展开了关于《末路狂花》与《蝴蝶之吻》的意识形态差异的激动人心的对话；她也感谢克莱尔·博伊尔对《蝴蝶之吻》部分的手稿的有益评论(以及富有成效的分歧)，没有这些评论，第 2 章就无法写成。埃尔萨·阿达莫夫斯基和基拉·瓦茨拉维克非常友好地邀请她在"穿越艺术"会议上发表论文，此次会议是 2007 年为了纪念她的博士生导师马尔科姆·鲍伊在伦敦大学玛丽王后学院举办的。该论文的材料成为论述心理分析伦理学的第 8 章，并且是在马尔科姆对心理分析的巨大创造性和创新性应用的鼓舞下写成的。其他形式的宝贵帮助和鼓励——无论是知识还是个人的——要归功于露西·博尔顿、本·丹尼斯、菲奥娜·汉迪赛德、达尼·诺布斯和埃伦·瓦萨洛。

　　莉比·萨克斯顿要感谢伦敦大学玛丽皇后学院给她一个学期的假期，其间她的章节中的大部分内容都已完成。很多人令她受益匪浅，他们不仅刺激了知识交流，也提供了可靠的建议和宝贵的耐心，这些人包括克莱尔·博伊尔、内莫妮·克拉文、克里斯·达克、安娜·莫尔文。

　　两位作者都要感谢莎拉·库珀，她们在库珀为伦敦日耳曼和浪漫主义协会举办的"列维纳斯与电影"的开创性会议上提交了关于电影与伦理的作品，并有机会与其他学者分享这些很少被讨论的问题。两位作者也感谢埃伦·瓦萨洛和保罗·库克，她们很荣幸地在"异形与他者性"会议（埃克塞特大学，2007）上提交了本书第9章的初步工作。

　　两位作者也要感谢彼此，感谢她们在两个人之间的合作过程中所获得的见解，她们在学术和生活中都被非常不同的伦理观念所吸引。在共同写作的几个月里，丽莎学会了她对他者的责任，莉比学会了遵循她的欲望的真相。

绪　论

1   人们阅读小说（或者观看戏剧和电影，或者阅读诗歌和故事）时，形成了大量关乎道德的思想和感情。事实上，可以毫不夸张地说，在当代文化语境中，这是大多数人获得伦理态度的主要途径。[1]

近年来，受各种后结构主义思想方法影响的艺术批评和人文批评，浸染了所谓"伦理学转向"的特征。[2]这种"二战后"的趋势，是由伦理哲学家们——比如伊曼纽尔·列维纳斯（Emmanuel Levinas）——的批评标准、雅克·德里达（Jacques Derrida）的后期著作（它本身也借用了列维纳斯的理论）、拉康式心理分析的伦理部分、女性主义思想、后殖民研究和酷儿理论相互融合激荡所造成的。

正如前面源自麦金（McGinn）的引文所示，伦理学可以被看作一个读者或观众与一个文本或视觉艺术之间产生的冲突（encounter），正如它可以被看作日常生活中的某种道德或政治准则一样。也许，麦金所淡化的是视觉媒介在当代文化中的特殊作用（在他的陈述中，电影仿佛是后来才想起的）。在一个图像日益饱和的社会中，视觉语言（而非书写文字）成为伦理探索

---

1   McGinn, *Ethics, Evil and Fiction*, 174-5.

2   参见Garber, Hanssen and Walkowitz (eds), *The Turn to Ethics*.

优先关注的核心所在。考虑到我们在理智（和情感）上对艺术和文化的依恋，伦理批评曾经努力强调责任（responsibility）、自反性（self-reflexivity）、愿望以及与他者的契约的重要性。不过，伦理批评对这些问题的态度却大相径庭。在某个地方，列维纳斯的解读可能会强调自我（self）对他者的绝对脆弱性负有责任，而后现代的拉康式的伦理学——由斯拉沃热·齐泽克（Slavoj Žižek）提出的——则可能会强调一种自我的伦理学。在自我的伦理学中，伦理的行为涉及对真实愿望的忠诚，哪怕这样会导致对他者的背叛或者毁灭。在任何一种（极端的）情况下，事关成败的都是冲突以及质问自我与他者之关系的行动。正如科林·戴维斯（Colin Davis）曾经指出的，在用列维纳斯的方式读解法国现代文学的语境中，（艺术和人文）批评的伦理学转向似乎应该重视在战后文化产品中明显可见的成见——"消灭他者"（altericide）。[1]视觉艺术也存在这种情况，并且对电影进行的任何伦理调查都需要面对支撑电影生产的（以及电影生产所体现的）各种能量（可能是破坏的、反社会的能量，也可能是创造性的、社会的能量）。如果我们还要考虑在自身框架内承认否定性的伦理哲学模式，那么伦理批评的事业就变得更加任重而道远了。

后结构主义的伦理学转向切实影响了文学理论和文化研究，而电影研究则相对滞后一些。不过，与此同时，电影学术研究日渐被伦理问题抢先占据，即使对伦理的关注还普遍处于含蓄的状态。本书打算改变这种不愿明确采用伦理学来观照电影的状况，展现——如题所示——当前文学艺术批评所暗示的冲突，因为这

1 Davis, *Ethical Issues in Twentieth-Century French Fiction*, 11.

种冲突在很大程度上是受挫折的、被轻视的或者被压制的。电影人已经通过各种方式回应了挑战——充分地表现同一性、差异性以及自我与他者的关系。此外，随着电影实践的发展，观看行为本身也被含蓄地设定在各种理论线索中：从女性主义的凝视理论（gaze theory），经由后殖民理论和酷儿观点，直到对好莱坞电影进行齐泽克式的解释。尽管没有任何确定的理论实体可以被称为"伦理的凝视理论"（ethical gaze theory），但这个观念——伦理学是我们习惯用来观察和思考的一件光学仪器——却颇令人信服。

伦理思想的重要代表

"伦理"在本书和上文所提及的各种批评中的用法，应该不同于西方从古希腊至今的道德哲学家对"伦理"约定俗成的理解。伦理学的这种哲学模式得益于（但不能简化为）宗教和社会的道德话语。在分析传统中，伦理学意味着对义务的道德实践问题：在既定的情境中，我应该做什么？我的责任范围是什么？在道德方面，我的行为对集体有何影响？在实用的乃至宗教的语境中，这类问题似乎假定人类（human being）从一个有意识的道德中心操纵一个有道德能力的自我（ego）。正是这种假设，遭到了欧陆思想的动摇和解构。

当代的分析哲学家们——比如，通过阅读和生活实践从事伦理研究的玛莎·娜斯鲍姆（Martha Nussbaum）——假定读者与文本之间的伦理关系是一种友谊、同盟或者集体关系。[1]这种实证主义的、人文主义的"纯粹伦理"（virtue ethics）模式与欧陆思想的发展不一致，后者挑战了人类主体"我思"（cogito）至高无上的地位，并且坚持认为（特别是自列维纳斯之后）他者具有不可磨灭的陌生性（strangeness）——人们不能将他者变成同志或者朋友，但是恰好必须作为他者予以尊重。这种观念甚至进一步远离了拉康和齐泽克的激进的反人本主义伦理。

　　就其在欧洲大陆的意义和在文化产品批评方面的运用而言，伦理学也许可以最有利地被看作一个质问的过程，而不是一种实证性的道德训练。它也必须同感情用事或者本能的新自由主义倾向区别开来。米歇尔·阿龙（Michele Aaron）有益地阐明了这种区分："……将（一种）经验标定为道德的（moral）而非伦理的（ethical）：不自觉的情感是与反思和推断相对立的"。[2]这种概念化的思考将伦理学设计成质问并且拒绝向社会规范屈服的过程。思考伦理学可以做什么和伦理学的定位在哪里，而不要纠缠伦理学是什么。我们的伦理概念将它自己定位在阿兰·巴迪欧（Alain Badiou）所谓"伦理的意识形态"的对立面，比如，约定俗成的道德规范和准则。

　　避免将"伦理"概念具体化，这个重要的行为本身也是伦理事业的一部分。列维纳斯的构想——伦理作为"别样的存在"（otherwise than being），一种超越本体论和总体性的运行方式——暗示的是一种启发手段，而不是一个独断的或者规范的

1　参见Nussbaum, *Love's Knowledge* and "Non-Relative Virtues".

2　Aaron, *Spectatorship*, 116.

方案。伦理一方面意味着一种对自我与他者之间的冲突予以回应的方式，另一方面悬置了主体-客体关系的含义及其内在的主从动态。因此，伦理学被玛乔丽·加贝尔（Marjorie Garber）、贝亚特丽斯·汉森（Beatrice Hanssen）和丽贝卡·瓦尔克维茨（Rebecca L. Walkowitz）描述为"一个不断重新表达界线、准则、自我与'他者'的系统阐释与自我追问的过程"。[1]

现在简要归纳一下我们在分析电影文本、电影批评、电影拍摄和观影实践时将要采用的几种欧陆伦理思想的典型特征。

列维纳斯

伊曼纽尔·列维纳斯的著作已经成为当代西方伦理学讨论绝对必备的参照标准。列维纳斯的伦理概念与有些分析哲学家的伦理概念背道而驰，并且挑战了传统道德思想的基本前提。在早期的两部主要哲学著作之一《总体与无限》（*Totality and Infinity*）中，列维纳斯将伦理学描述为"通过他者的存在来质疑我的自发性（spontaneity）"。[2]由此，伦理学从一开始就被设定为一个质问的过程，而不是一套为道德选择提供根据的规则或者理论。这个过程的催化剂是（自我）和他性（alterity）的根本冲突，因为他者性妨碍了我们独享世界的乐趣，打破了我们对万能与主权的幻想。同时，列维纳斯强调了他者的"生疏感"（strangeness），即他者"不能同化为我、我的思想或者我的财产"，他的"超越性"，"绝对而且不可化约的他者

1　Garber, Hanssen and Walkowitz (eds), *The Turn to Ethics*, viii.

2　Levinas, *Totality and Infinity*, 43.

性"。[1]伦理学对他者负有欢迎的责任。将他者纳入业已存在的
整体（totality），不会妨碍他者的他性。这正是列维纳斯处理西
方哲学问题的基础。在他看来，西方哲学"在大多数情况下都
是一种本体论：将他者还原为同者（the Same），简言之，即自
我论（egology）"。[2]列维纳斯致力于打破这种历史，重新将伦
理学而不是本体论奉为"第一哲学"（first philosophy）。[3]但由
此引发的一系列重要的问题，也可能威胁到列维纳斯的计划：
"同者——呈现为自我主义——怎能与他者建立关系而不剥夺他
者的他性？"[4]例如，列维纳斯该怎样解释他者，而不将那个他
者变成哲学追问的对象，进而变成对同者的映射？列维纳斯在
《总体与无限》以及另一部重要著作《另类存在或者超越本质》
（*Otherwise than Being or Beyond Essence*）中全力对付这些问题。
这里的困难在于要忠实地描述"没有关系的伦理关系"（ethical
relation without relation），它对文本性（textuality）造成了破
坏，而且要求寻找新形式的伦理表达。[5]

　　据信，在西方的人文科学中，列维纳斯的著作改变了人们
对伦理学的认识，他的很多重要术语——他者性（otherness），
责任（responsibility），冲突（encounter），面对面（face-to-
face）——无缝地融入了当代伦理话语。不过，这种无所不在的
接受和占用也是有代价的。通过反思列维纳斯留下的思想遗产，
戴维斯告诫人们一种普遍的批评倾向，即对列维纳斯"过火的"

1　Levinas, *Totality and Infinity*, 43.

2　Levinas, *Totality and Infinity*, 43, 44.

3　Levinas, *Totality and Infinity*, 304.

4　Levinas, *Totality and Infinity*, 38.

5　Levinas, *Totality and Infinity*, 80.

的思想进行驯化，换句话说，就是将列维纳斯复杂艰深（有时索然无味）的洞见删减或者改造成平淡而空洞的教条。[1]尽管承认得益于列维纳斯的思想，但本书不会认为它是理所当然、无可辩驳的。我们不同意列维纳斯的主张并且始终坚持应对列维纳斯的他者导向型伦理学（other-oriented ethics）与自我的重新定位（reorientation towards the self）之间不可调和的各种矛盾。自我是各种同时存在的伦理思想传统的基础。本书第6章考察列维纳斯关于电影人、电影观众和影像主体之间责任关系的深刻见解的重要意义，认为某些电影挑战了列维纳斯将凝视贬低为一种压迫机制的合法性。

德里达

雅克·德里达是列维纳斯学说的最著名的评注者之一，他关于《总体与无限》的长篇论文《暴力与形而上学》（"Violence and Metaphysics"）发表于1964年，在让列维纳斯的思想引起批评界的关注并且被法国、英国和美国接受的过程中发挥了重要作用。尽管德里达承认在很大程度上得益于列维纳斯，但他对待列维纳斯著作的方式却是质疑的、解构的，而不是简单地吸收或认同他所鼓吹的阅读方法。在使用"伦理"一词的时候，德里达比列维纳斯更谨慎，有时甚至不愿公开谈论这个话题。这种有所保留的态度，源于他对伦理这个概念的哲学遗产的怀疑。伦理学是西方形而上学不可分割的部分，但形而上学本身恰好是主要的解构对象之一。在《暴力与形而上学》中，德里达质疑列维纳斯的伦理学说对这种形而上学传统以及它所批评的本体论语言的依赖

---

1 Davis, "Levinas at 100", 98, 97.

程度。同时，通过这篇文章以及后来的读解，德里达在列维纳斯的著述中发现了一种打破形而上学传统的解构姿态。"伦理"一词带有令人不快的形而上学的回响，列维纳斯对这个术语的再利用（re-appropriation）和再定义（redefinition）为西蒙·克里奇利（Simon Critchley）所谓的德里达"对待伦理学的两面手法"提供了至关重要的资源。[1]杰弗瑞·本宁顿（Geoffrey Bennington）告诫说"解构不能提出伦理"。[2]也即是说，伦理不能从解构活动中顺利地产生。不过，已经被替代和即将被替代的伦理意义始终是其语境中不可缺少的成分。德里达解构伦理学，但伦理始终残存在他的著述中，甚至影响了他著述的方向。德里达对解构的描述——思考"与他者的关系"（a relation to what is other）——听起来与列维纳斯对伦理的描述没有什么不同。[3]的确，伦理学曾经被看作德里达思想的"内部线索"、"目标"或者"视界"。[4]在后期的著作中，德里达将注意力转向了责任、义务、正义、法律、决定、允诺、礼物（the gift）和好客（the hospitality）等明显具有伦理含义的概念，伦理的"视界"也越来越清晰。我们将在第7章看到，德里达坚持认为伦理关系潜在的妥协、歪曲或者背叛自相矛盾地构成了其可能性的必要条件。

拉康与齐泽克

雅克·拉康（Jacques Lacan）关于"心理分析的伦理"（The Ethics of Psychoanalysis）的研讨会（1959-60）提出了心理分析作

1 Critchley, *The Ethics of Deconstruction*, 13-20.
2 Bennington, "Deconstruction and Ethics", 64.
3 Derrida, "The Deconstruction of Actuality: An Interview with Jacques Derrida", 31.
4 Bennington, "Deconstruction and Ethics", 64; Critchley, *The Ethics of Deconstruction*, 2.

为一种医学和哲学话语能否介入伦理学的问题。拉康的回答直接将他自己置于列维纳斯的伦理学的对立面。列维纳斯的伦理学关注他性（alterity）的地位以及自我对邻居的责任（犹太教与基督教共有的模式，自相矛盾地处于法国后结构主义思想的无神论语境）。在作为心理分析家的拉康看来，欲望的基本范畴在他重新定义的伦理学中扮演了重要角色。拉康的伦理信条是："不要怀疑你的欲望！"在这里，欲望被理解为一种真理原则，与传统的"好"、"坏"区分无关。"好"与"坏"的区分属于象征界（the Symbolic）的理性范畴和表现范畴。相反，欲望与真实（the Real）相关，与混沌一体、难以言表的秩序以及可靠性密切相关。在这种激进的意义上，欲望既不追求社会认可，也不追求个人幸福。相反，它只追求对自身唯一性（uniqueness）的职责。因此，他性在拉康的伦理学中危如累卵，但这里最重要的是我们对自身欲望极度生疏的感觉，即拉康所谓"外内界"（extimacy）中的他者性。[1]

6 　　在拉康的著作中，"真实"（the Real）的范畴在很多方面与人类的限度范围（死亡）相关。伦理学中受死亡驱动的很多观点以及"真实"的范畴被当代的拉康派哲学家阿伦卡·祖潘契奇（Alenka Zupančič），尤其是斯拉沃热·齐泽克挖掘出来。在《敏感的主体：政治本体论缺席的中心》（*The Ticklish Subject: The Absent Centre of Political Ontology*）中，齐泽克力证拉康的伦理学关注"主体遭遇死亡驱动的那些最纯粹的极限体验"。[2]

1　外内界（extimacy）是拉康自造的词语，它模糊了内在性与外在性的界线划分，既不指向内部也不指向外部，而是处于内部与外部最密切相合的地方，并变得具有威胁性，激发恐惧与焦虑。——译者注

2　Žižek, *The Ticklish Subject*, 160.

面对卑鄙的闯入者，"自行回避的、绝对矛盾的主体性"所作的伦理反应，就是无所畏惧地迎击它。[1]用齐泽克的话说，这涉及一种"主体性匮乏"（subjective destitution）；被简化成一种排泄的残余。因此，伦理的主体性是一种反主体性（anti-subjectivity）。拉康的伦理学并不关注作为自我意识（ego）或者想像性认同（imaginary identifications）的自我（self），而关心作为一种否定性原则的本性（self）。

拉康关于伦理学的研讨在1980、1990年代被齐泽克等文化理论家用来阐释文化和艺术产品（包括电视和主流电影等通俗文化现象）制定和体现相同结构、困境和模型的方式，正如心理分析理论所作的描述一样。因此，在齐泽克眼里，硬汉侦探菲利普·马洛（Philip Marlowe）就是一种主体的榜样——抗拒自身欲望的"真实"；正如拉康将安提戈涅（Antigone）当作另一种主体的榜样——承认欲望并且接受她的"安乐之死"。[2]齐泽克关于电影的拉康式的著述，对于审视伦理在电影思考中的位置非常重要，本书第9章将专门讨论。

女性主义的伦理学

大多数欧美女性主义（尤其是在这场运动的早期）都关注草根的政治问题，比如：民权、同工同酬，以及与女性身体相关的各种议题（比如避孕和堕胎），可以说它们全部都涉及实践伦理学（或者应用伦理学）。在电影研究中，1970年代的女性主义社会学家重点关注女性在银幕上被呈现为"正面"或者"负面"典

1　Žižek, *The Ticklish Subject*, 154.

2　Žižek, *Looking Awry: An Introduction to Jacques Lacan through Popular Culture*, 48-66.

型形象的各种方式（详见第2章）。

英国的后拉康派电影理论家劳拉·穆尔维（Laura Mulvey）打破了电影批评中的"正面形象"学派的传统，引入了女性主义电影学者的观念——表象（representations）既在无意识层面又在有意识的精神过程中发挥作用——并且得到让–路易·博德里（Jean-Louis Baudry）和克里斯蒂安·麦茨（Christian Metz）等人的欢迎和推广。这表明单纯的社会学的研究方式存在不少局限。穆尔维关于叙事电影和视觉快感的那篇影响深远的文章，利用拉康式的窥淫癖（scopophilia）的概念描述电影观众的男性位置和银幕对象的女性位置之间的关系。银幕对象通常是漂亮的电影女演员，具有被看性的内涵（to-be-looked-at-ness）。由于它所处理的是主体与他者的正面关系，以及可能被接受也可能被拒绝的快感的动力学，所以有必要重温这篇文章和它在伦理学方面引起的各种反响、矫正、修订和引申。

福　柯

像拉康关于伦理的研讨一样，米歇尔·福柯（Michel Foucault）的哲学也曾被称为自我的伦理学（ethics of the self）；与他者的伦理学完全相反，比如我们想到的列维纳斯。[1]约翰·赖赫曼（John Rajchman）也曾将拉康和福柯描述为追逐"爱神伦理学"（ethics of Eros），因为在二者的文集中，性都是伦理的核心。不过，福柯是反拉康的，质疑"欲望"的心理分析模式，在他看来，这种模式必然与指导西方的性模式的正常化和病态化能量联系起来（尽管拉康主张，欲望不是驯化的性欲概念的同义

1　Barry Smart 的论文 "Foucault, Levinas and the Subject of Responsibility".

词，而是某种不幸的极端的东西）。

事实上，福柯的大量著述都可以视为具有潜在的伦理性质——并且确实引起一些问题，至少在表面上触及他者的伦理学。例如，他从1960年代起关于疯癫的早期著作，认为西方的启蒙运动将非理性当成了理性的替罪羊（既与理性不同，也比理性差）。在《疯狂史》（*History of Madness*，1961）为非理性不可化约的他异性抗辩时，福柯对他者的神圣性的态度与列维纳斯如出一辙（尽管他使用的语言不像列维纳斯的话语那样神秘）。在关于刑罚制度及其权力模式的著作《规训与惩罚》（*Discipline and Punish*，1975）中，福柯考查了各种社会监视手段——通过社会监视，主体被建构成"守纪律的"或者温驯的"身体"，臣服于现代文化统治无处不在的身体控制。但是，直到生涯末期，福柯才直接思考"伦理学"，而且是在考查"性史"的语境中，尤其是在考查现代性的主体如何被引导将自己塑造成"欲望的主体"的背景下实现的。

福柯的《性史》（*History of Sexuality*）共三卷。第一卷《认知意志》（*The Will to Knowledge*，1976）是特定时期的编年史。19世纪，性成为理性研究的对象。第二卷《快感的享用》（*The Use of Pleasure*，1984）和第三卷《关注自我》（*The Care for the Self*，1984）是自我在古典时代的实践史，关注性行为的规范和道德，旨在为现代的"性的主体"和"欲望的主体"提供前史。正如福柯后来在一次访谈中关于自我作为一种自由实践的伦理的评论：

> 我会说，如果我现在对主体如何以主动的方式建构自身——自我的实践——感兴趣，这些实践绝不是个体自己的

8

创造发明。它们是他在自己的文化中发现的模式，是他的文化、他的社会和文化群体启发、建议、赋予他的。[1]

可见，福柯后期对伦理学的兴趣在于不同规训之间的协商以及主体有限的自由。规训塑造了某种身体和主体；主体可能通过体验各种新型的关系、色情的快感以及自我关注，从而获得某种愉悦的自我建构。

福柯表明，他希望想像一种伦理学，适合于我们的历史时期和文化价值，但要考虑更富想像力的存在方式（以及共存的方式），而不是当前流行的规则：“我认为未来有更多秘密，更多自由，更多创造，远胜于我们在人文主义中的想像”。[2]福柯承认这种对普遍人文主义的伦理怀疑是潜藏在他所有的著作中的焦虑之一。他声称，正是由于人文主义的诱惑，“我们”才通过排斥他者——疯狂、犯罪、堕落——将自己塑造成主体。在后期的著作中，福柯想知道是否可能存在一种自我的伦理学，不再将他者建构成某种非正常的主体，并且能够与民主的政治生活和谐相处。

也许可以说，福柯的著作通过多种方式介入了“爱神伦理学”。除了借助“厄洛斯”重新想像自我、国家、自由、身体和权力，福柯的伦理著作，满怀好奇与激情，“将时代的哲学思想与批评活动再次色情化了（re-eroticized）”。[3]通过多种方式，主体被教育/学会从观念上将自己塑造成“欲望的主体”；通过“自我的技术”，抵抗性欲主体的制度化规训。在勾勒教育手段的历

1 Foucault, *Essential Works*, vol. 1, 291.

2 Foucault, *Technologies of the Self*, 15.

3 Rajchman, *Truth and Eros*, 1.

史以及寻找抵抗性规训的伦理时，福柯的《性史》以及他对写作过程的反思，为20世纪末21世纪初的各种思潮奠定了基础，尤其是影响了政治/学术领域对性知识真相的公开质询，即酷儿理论。本书第8章讨论福柯理论可能产生的伦理效应，思考观影活动以及各种身体表现所内含的权力关系。

巴迪欧

巴迪欧的《伦理学：论对罪恶的理解》（ *Ethics: An Essay on the Understanding of Evil,* 1998）对伦理学的各种人文主义概念和列维纳斯用来推崇他者的诸多伦理前提都构成了冲击。他把它们统称为"伦理的意识形态"，并且与当代自由主义的多愁善感的意识形态联系起来。巴迪欧的学说讨论两个经验的领域："知识"（knowledge）和"真理"（truth）。前者是日常的、实在的、可获得的；后者是先验的、不可言喻的、只有通过"真理的主体"（subject of truth）才能靠近的；伦理的主体坚守原则，是真理的"斗士"。在巴迪欧看来，一个恰当的伦理行为，应当"有助于保存或者鼓励主体的忠实性"。[1]这是对真理无私的追求，必然会逃避人类生活。巴迪欧式的伦理学可以概括为"前进！"或者"继续！"的律令；意味着必须避免"可能会对忠实于真理产生困扰的各种腐败或者衰竭"。[2]这些腐败（或者罪恶）是三重的：背叛、欺骗和恐怖。第一重（背叛）描述的是诱惑的魅力，它可能围攻真理的主体，并且把他或她撵走；第二重（欺骗）意指关于真实事件的普遍性质的幻觉，以及它在特定社群的特定地

9

1　Badiou, *Ethics*, translator's Introduction, xi.

2　Badiou, *Ethics*, translator's Introduction, xi.

址。巴迪欧认为，纳粹的宣传和政治就是这种腐败形式的典型例子；第三重（恐怖）引起某人的自大，牺牲对真理的追求，热衷于给事件赋予意义和秩序（例如，把知识当作真理）。

巴迪欧的伦理学近似于萨特的"计划"。它认为"根本不存在'普遍的伦理学'"，也没有什么人权的普遍原则，原因很简单——所谓普遍的人总是根源于具体的事实和特殊的思想形态。[1]针对更加传统的伦理学的人文主义（humanism），巴迪欧采用上文所述的福柯和拉康的反人文主义（anti-humanism）的后结构主义观点，毫不妥协地声称"所有以承认他者为前提的伦理预言都应该彻底被抛弃"。[2]巴迪欧提倡的伦理学，不是他者的伦理，而是同者（the Same）的伦理，因为差异是多样的存在（are），而同者是可能的存在（come to be）。这种普遍的同者必须避免将真理转译成知识或者其他形式的腐败，但它的伦理形式，可能将普遍的真理改造成一种美德，同时致力于注意并且避免狭隘的偏执或盲从。不过，它不是一种自我防御的伦理，旨在回应先前存在的不平等的条件，而是对真理的建构伦理；其中，事件搬演了真理与同者的冲突，而不是我（one）和他（other）的冲突。我们很难在伦理话语中为巴迪欧的伦理学找到准确的定位。它看起来是一种反伦理的伦理学，是反后现代的，是对道德相对主义毫不宽容的责难（很奇怪，道德相对主义可能呈现出正统论的面目）。不过，与此同时，巴迪欧的伦理学也明显卷入了后现代主义的思考，例如，齐泽克的理论。本书第10章用巴迪欧所谓"真理的主体"观念做透镜，对昆汀·塔伦蒂诺（Quentin

---

1　Badiou, *Ethics*, translator's Introduction, xiv.

2　Badiou, *Ethics*, translator's Introduction, xv.

Tarantino）的影片《杀死比尔》（*Kill Bill*, 2003, 2004）进行异想天开的解读，与后现代和后人类理论——比如，齐格蒙特·鲍曼（Zygmunt Bauman）和让·鲍德里亚（Jean Baudrillard）——对伦理的观照相映成趣。

＊＊＊

考虑到上述各种（经常相互矛盾的）伦理观念的重要性，本书不仅打算让伦理学更加明确地成为电影理论的关注对象，而且要挑战与这个概念相关的各种假设。鉴于列维纳斯、拉康和德里达对当代批评话语的深远影响，他们的著作肯定会被当作特别重要的参考，但他们任何一位哲学家关于伦理的定义或者模式都不会被奉为"绝对权威"。我们将这些哲学家带进电影，目标不是替他们的哲学寻找电影化的表述和印证，因为这样会伤害电影的媒介特性，而是要让电影和思想彼此对话。这样有助于我们探索电影在视觉领域为理论提出伦理问题的方式。无论从物质材料的角度，还是从经历体验出发，视觉领域产生的伦理问题都可能与阅读的过程大相径庭。

正如意识到避免将电影简化成对哲学的图解的重要性一样，我们也知道伦理批评曾经饱受指责——抽空了它所分析的现象的政治含义。这种对政治中庸态度的指责基于某种虚假的二分法——假定政治和伦理可以彼此撇清关系。本书论及的哲学家都毫无例外地从哲学的角度评论或者介入了具有政治意义的事件和争论。列维纳斯对广义战争的讨论以及对具体战事（巴以冲突）的分析；德里达关于马克思主义、民主、欧洲、种族隔离和移民等议题的著述；福柯的病人和犯人的行动权力；齐泽克对"9·11事件"的思考；巴迪欧对纳粹的分析，都表明政治和伦

10

理至少在某些地方是必然相关的。尤其是列维纳斯和德里达，都曾纠结过如何构想伦理政治学的问题——这种政治学尊重而非简化他者的他异性和超越性——简言之，就是从伦理出发的政治学。列维纳斯的伦理学反对各种集权化的政治，集权政治造成了战争和种族灭绝。列维纳斯所依赖的政治学扎根于我们对他异性的责任，责任源于我与他的遭遇，而他的天性是和平的。[1]这种遭遇不是让主体陷入一种排他的二元性，而是使主体意识到第三方的存在，让他或她置身于政治的语境，使他或她变身为亟需的公义。[2]德里达在《告别列维纳斯》（*Adieu to Emmanuel Levinas*, 1997）中进一步研究这些问题，调查了列维纳斯"好客的伦理（*ethics* of hospitality 或者ethics *as* hospitality）与好客的法律或政治（a *law* or *politics* of hospitality）"之间的关系。[3]德里达指出，尽管后者不能由前者直接推论得来，但这种"断裂"或者"不可能"本身是有益的，因为它要求我们对法律和政治予以反思。在德里达看来，与其说回避政治，不如说列维纳斯对伦理学的解释暗示政治决定和责任没有本体论基础的保障。[4]如果不让自己面对政治和司法话语在尝试确定法律和权利时固有的背叛和玷污的可能性，伦理学就变成非伦理的了。德里达的伦理学是唯一详细研究伦理与政治之关系的，也是要遭到自我派伦理学家质疑的。不管怎样，承认伦理与政治彼此牵涉、相互促进、互不简化，预示

11

1　关于列维纳斯对集权政治的批评，参见*Totality and Infinity*, 21-22以及"Ethics and Politics", 289-97。克里奇利（Critchley）认为"政治为列维纳斯的伦理学提供了连续的空间，政治的问题是描述政治生活的一种形式，可能反复打断各种集权化的企图"（*The Ethics of Deconstruction*, 223）。

2　参见Levinas, *Totality and Infinity*, 212-14以及*Otherwise than Being or Beyond Essence*, 16.

3　Derrida, *Adieu to Emmanuel Levinas*, 19.

4　Derrida, *Adieu to Emmanuel Levinas*, 21.

了我们在本书中所做的"伦理—政治"研究。

我们的伦理学不是集权的。它不是第一哲学，不是主导叙述，也不是什么"高级范式"，不打算超越其他批评方式，也不会把所有关于电影的思考都归结为伦理问题。相反，我们旨在阐明伦理学怎样才能融入电影现象、实践和理论。我们也会讨论政治和伦理内在的相关性，将伦理作为电影理论（女性主义、酷儿理论和后殖民）的一个分支（以前，我们常常认为这些电影理论是政治的）。我们不是要设计一个价值体系，将电影分成伦理的和非伦理的，而是把伦理作为电影活动的语境，因为艺术作品的创作和接受总会涉及欲望和责任（对艺术家和观众都不例外）。无论何时何地，只要涉及欲望和责任的关系，我们就置身于伦理的场域。

电影理论中的伦理学视角

如前所述，电影研究很少谈论伦理，至少就哲学意义而言，确实如此。但是，作为一个合法的范畴，伦理经常被拿来讨论与纪录片相关的问题。关于纪录电影主体的权利，出版过大量的著作，探讨责任义务和知情许可的问题。[1]不过，在1980、1990年代，两位美国学者，薇薇安·索布切克（Vivian Sobchack）和比

1　参见Calvin Pryluck, "Ultimately We are All Outsiders: The Ethics of Documentary Filming".

尔·尼科尔斯（Bill Nichols）开始在他们的著作中跳出这种严格意义上的法律问题，转而关注纪录片中的伦理空间。通过对非虚构电影中非假装的死亡场景进行现象学的读解，索布切克发现，死亡事件同时冲击了电影制作者和观众的伦理责任感，因为作者拍摄了死亡，观众观看了死亡。她研究电影制作者与死亡的关系如何被刻写在银幕上，银幕上的死亡如何被敞开接受观众的道德审查，而观众的观看行为反过来又变成伦理判断的对象。她推测，"对表现死亡的责任感，同时存在于制作者和观众身上，在于由他们彼此所见构成的伦理关系"。[1]尼科尔斯在对他所谓的纪录片中的"价值图像学"（axiographics）进行研究时，进一步发展了索布切克的几点主张："尝试在空间的布置中、凝视的机制中，以及观察者与观察对象的关系中探询价值的灌输"。[2]尼科尔斯颇具争议地指出，虚构电影与纪录电影之间的关系，就像"色情与伦理之间的差异"。[3]按照他的说法，劳拉·穆尔维在经典叙事电影中发现的性别化/色情化的凝视，不能直接转译到纪录片里。在纪录片中，欲望的对象是现实的世界以及在现实世界生活的社会角色，因此需要不同的伦理阐释。索布切克和尼科尔斯的研究，突出了伦理问题在非虚构电影实践与批评中的重要性，并且为新的跨学科努力铺平了道路。不过，他们对"伦理"一词的使用，是就一般意义而言的，与传统的道德评判紧密相关，并未对各种伦理概念做后结构主义式的再思考。本书第1章，以历史悠久的传统——对"表现"涉及的道德问题进行哲学思考——作

---

1 Sobchack, "Inscribing Ethical Space: Ten Propositions on Death, Representation, and Documentary", 244.

2 Nichols, *Representing Reality*, 78.

3 Nichols, *Representing Reality*, 76.

为背景，深入考查各种制作纪录电影的方式。

最近，某些学者根据哲学中的伦理话语重新审视电影，列维纳斯的思想成为被优先引用的对象。这条调查线索再次与纪录电影的大量著作联系起来。萨拉·库珀（Sarah Cooper）的《无私的电影？伦理学与法国纪录片》（*Selfless Cinema? Ethics and French Documentary*, 2006）表明，列维纳斯的"容貌"概念（visage）可以用来阐释战后法国非虚构电影谱系中与"他异性"相关的地方。针对纪录电影理论中普遍存在的假设——电影与观众达成了满足求知欲的协议——迈克尔·雷诺（Michael Renov）利用列维纳斯的思想超越了对认识论的心理定势。他在《纪录电影的主体》（*The Subject of Documentary*, 2004）的两章中提出，列维纳斯的研究方式可能会把伦理排在知识和本体论的前面。[1]

迄今为止，关于电影与伦理的大多数讨论都集中在纪录片上。这种情况造成并且延续了一种误导性的揣测：伦理问题在故事片中不太重要或者紧迫。不过，在哲学和心理分析中，经典电影和当代电影越来越多地被放在伦理话语下重新审视。电影研究中的许多题目涉及伦理议题，这些议题来自某些导演的作品，但是没有主张伦理思想对电影研究的重要性。反之亦然。拉斯·冯·提尔（Lars von Trier）是引发伦理批评关注的重要导演之一；不出所料，"道格玛95"宣言明确地干预叙事电影传统和观影活动。电影《白痴》（*The Idiots*, 1998）描写威胁资产阶级社会规范的行为以及与表现精神疾病相关的政治正确的假设，追问观看行为的道德属性。[2]塔伦蒂诺的作品也被放在这个语境中

1　Renov, *The Subject of Documentary*, 148-67.
2　对拉斯·冯·提尔电影的伦理批评，参见Aaron, *Spectatorship*, 98-109, 以及Nobus, "The Politics of Gift-Giving and the Provocation of Las von Trier's *Dogville*".

讨论。例如，在《塔伦蒂诺的伦理》（*Tarantinian Ethics*, 2001）中，弗雷德·博廷（Fred Botting）和斯科特·威尔逊（Scott Wilson）利用拉康式的心理分析和列维纳斯式的哲学观点分析昆汀·塔伦蒂诺电影中表现的与他者不可预料的偶然遭遇。在罗伯特·萨缪尔（Robert Samuel）的《希区柯克的双文本：拉康、女性主义与酷儿理论》（*Hitchcock's Bi-textuality: Lacan, Feminisms and Queer Theory*, 1998）中，伦理视角也很重要。萨缪尔采用拉康式的伦理学以及女性和酷儿主体性的新理论，逆着异性恋

13　的理路，重读希区柯克的一系列经典电影。丽莎·唐宁（Lisa Downing）关于帕特里斯·勒孔特（Patrice Leconte）的著作专辟一章来思考利用后现代伦理学（列维纳斯、鲍曼、齐泽克）分析通俗电影的可能性。在《烦扰的影像：电影、伦理、证据与屠杀》（*Haunted Images: Film, Ethics, Testimony and the Holocaust*, 2008）中，莉比·萨克斯顿（Libby Saxton）结合法国电影人、哲学家和历史学家最近对伦理、表现与纳粹集中营的纪录影像的争论，重读了克劳德·朗兹曼(Claude Lanzmann)和让-吕克·戈达尔（Jean-Luc Godard）等导演的影片。

　　由于它可能屈服于特定的伦理反应，类型/体裁也遭到了质疑。例如，皮特·弗伦奇（Peter French）1997年的著作《牛仔的形而上学：西部片中的伦理与死亡》（*Cowboy Metaphysics: Ethics and Death in Westerns*）研究西部片将死亡看作灭绝、看作生命的绝对极限的方式，进而提出有限性的伦理模式，挑战了犹太-基督教的行为与救赎、生前与死后的伦理。牛仔是这样的人：他与自己的目标紧密相连，并且把它理解为某种极点，这使得他的任何一个保护或者牺牲的行动本身都是纯粹的，而不是对死后获

得救赎的担保。在一次关于动作电影的讨论中，在《电影哲学》
（*Film-Philosophy*）致敬列维纳斯的专题中，雷尼（Reni）设想动作
承诺使电影摆脱摄影影像的固定性，远离被列维纳斯斥责为非伦
理的肖像研究（iconography）。[1]然而，在支持论点时，出现了新
情况：动作电影既是悲剧的也是快乐的（根据尼采的观点），以至
于它不能彻底地履行伦理运动的诺言，督促我们离开艺术作品封冻
的噩梦。在收录于《词语之城：关于道德生活记录的教学通信》
（*Cities of Words: Pedagogical Letters on a Register of the Moral Life*, 2004）
的一次演讲中，斯坦利·卡维尔（Stanley Cavell）认为1930、1940
年代的好莱坞再婚喜剧电影戏剧化地呈现了某种道德思考的维度，
涉及完美主义或者对公正社会的乌托邦愿望。卡维尔梳理从柏拉
图、亚里士多德到康德、尼采、弗洛伊德、莎士比亚等哲学家和文
学家对这个问题的关注，发现它又在再婚类型中显形：主要夫妻面
临的危机揭示了不完美的现在与想像的公正社会之间存在分歧，亟
需改造人与人之间的关系。

　　虽然上述每一种出版物都对这个新兴的领域做出了非常有价
值的贡献，但是它们的伦理解读都局限于小范围的影片，不是某
个国家的电影，就是某种具体的类型或者某位导演个人的作品。
约瑟夫·库普弗（Joseph Kupfer）的《通俗电影中的美德想像》
（*Visions of Virtue in Popular Film*, 1999）大大地超越了这些范畴，
尝试分析"通俗电影中具有决定性的道德内容"。[2]继阿拉斯代
尔·麦金泰尔（Alasdair MacIntyre）在《美德之后：道德理论研
究》（*After Virtue: A Study in Moral Theory*, 1981）中的亚里士多德

1　Celeste, "The Frozen Screen: Levinas and the Action Film".

2　Joseph Kupfer, *Visions of Virtue*, 1.

模式之后，库普弗标榜的这种方法被描述为"美德理论"（virtue theory）。它审视"对动作负责的自我"的行为，并且衡量这个自我体现社会规定的美德的范围和程度。[1]站在我的角度，这种研究方法有一个重要的问题，它认为有一个"相对统一的自我概念"，[2]与源自拉康、福柯、德里达等人的后结构主义模式相抵触，而我们的主张是以后者为支撑的。

米歇尔·阿龙的理论框架与我们的非常接近，她在《观众：观看的力量》（*Spectatorship: The Power of Looking On*, 2007）中专辟一章研究观众与电影之间达成契约同盟的伦理动力。通过读解一系列精选的叙事电影，她认为看电影从来就不是天真无邪或者不偏不倚的，而是身陷其中的，并且会由此产生伦理纠葛。阿龙声称叙事电影历来不愿通过它的道德框架和虚构基础进行伦理思考，试图证明某些电影是如何主动地强调并且调查这个将责任和力量归因于观众的过程的。

这点简要的梳理表明，在现有的关于电影和伦理的著作中，依然缺失的是能够为现有的学术提供系统的评价，能够拓宽研究范围，包容更多理论和电影文本，挖掘电影潜力，为真实体验建构伦理空间的研究。本书致力于填补这个空白，既要描述这个领域的关键议题，也要为将来的研究建议方向。

***

本书分为两部分。第1部分处理表现（representation）与观众（spectatorship）。一方面，我们研究从电影影像的形式和内容中产生的伦理议题。开始，我们证明了伦理和美学的关系在后

1　Joseph Kupfer, *Visions of Virtue*, 3.

2　Joseph Kupfer, *Visions of Virtue*, 31.

启蒙主义哲学中具有很长一段历史，以至于它常常被关于电影表现的讨论所忽略。然后，我们进入对电影中"主动表现"概念（positive representations）（性别化的、性欲的与种族的身份/认同）的批评。第1部分的最后一章处理观众和理论家看待/想像观影活动的方式。我们通过案例研究，以及观众在看见他人受苦受难的影像时模棱两可的投入（感受）——来实现这个目标。第2部分研究战后欧洲哲学（列维纳斯、德里达、福柯、拉康、齐泽克、后现代理论）帮助我们沿着伦理路线重新思考电影现象的方式。两部分都包括一个由两人合作的阐述，然后是几篇独立完成的章节，围绕相关主题提出一系列思辨的观点。

　　本书采取两人合作的方式，旨在加强质疑的态度。我们相信，对于我们研究的论题，这是最适切的方式。在两部分中，由一个作者单独完成的章节有时会采取截然不同的观点，同时吸收不同观点之间的联系并且进行反思。联合著作的方式，有助于我们处理更加广泛的批评观点，因为两位作者都是各自领域里的专家，已经出版了很多关于电影和伦理的著作。莉比·萨克斯顿研 15 究后大屠杀时代（post-Holocaust）的纪录电影和叙事电影创作，经常涉及列维纳斯、德里达，以及围绕表现行为和观看行为的伦理含义展开的理论争鸣；丽莎·唐宁利用心理分析和酷儿理论的框架以及列维纳斯格格不入的读解，研究叙事电影中关于性别、性欲和色情的表现的伦理问题。本书综合了纪录电影和叙事电影两种方式、关于观看行为和理论思考的诸多议题，以及自我和他者的两种伦理。独特的方法反映在不同的伦理观念，不同的伦理观念构成各章解读的基础。关于他者性和责任的伦理深刻地影响了萨克斯顿的理论思考，而唐宁却常常在深受心理分析和酷儿理论影响的激进哲学的反社会的和自我导向的能量中探索伦理问题。因此，本书不仅对伦理思想与电影之间的关系提供介绍和反思，而且呈现明显相反或者矛盾的观点之间的一系列冲突，拒绝抹平在处理差异和歧见时必然面临的伦理难题。

第 1 部分

———

表现与观众

¹⁷ 导　言

也许，研究电影中的伦理问题，最显而易见的方式就是思考银幕上的行动者（agents）在面对伦理困境时的表现。最通俗的电影不厌其烦地表现"善良"与"罪恶"或者"德行"与"缺陷"之间的战争。很多好莱坞的叙事电影，不管类型如何，都将自己植入一个道德框架中。在道德框架中，美德常常表现为为了更大的利益而牺牲自我。最明显的例子就是《卡萨布兰卡》（*Casablanca*, Michael Curtiz, 1942）的结局，主人公为了民主的理想而牺牲个人的浪漫爱情和欲望。对自我牺牲的强调，作为犹太-基督教传统的一种遗产，是明晰可辨的。在神学惊悚片《驱魔人》（*The Exorcist*, William Friedkin, 1973）这种影片中，犹太-基督教传统有更加明确的体现，其中，善与恶不是用隐喻表现的，而是神学的绝对律令。

自我牺牲常常被拿来与其他传统美德相提并论，比如：勇敢、忠诚和智慧。通常，主流的叙事电影向我们展示一个正在追求某种事业的英雄人物；经过道德编码，英雄必须在追求的过程中展示各种美德。我们在绪论中提到的约瑟夫·库普弗的《美德想像》，就直接探讨这种道德的主人公。当然，对于他的统一主体（unified subject）观念，我们也表达了保留意见。将库普弗的"美德理论"（virtue theory）用于电影，进一步的问题是它可能倾向于忽略真正行动者和被表现的代理人之间的差异。它忽视了电影媒介的特殊性以及电影机器（apparatus）操纵和调节我们对英雄行为做出反应的方式。在古典好莱坞电影中，体现"英雄"角色的行动者往往是一个正直的白人。库普弗的批评没有消除人文主义主张的普遍主体（universal subject）模式（常常被女性主义、后殖民主义和酷儿理论解构）内含的中立（不偏不倚）的神话。库普弗的说法正好体现了伦理理论对身份政治缺乏敏感的危险。除了一个例外，他所讨论的美德的体现者全是白人男性、核心家庭和异性夫妻。

　　最近的某些电影探索了上述道德结构在"英雄"人物或者我们认同的焦点具有不同身份时遇到的情况。这正好让我们从关注"美德理论"进入伦理—政治的领域，从普遍的自我进入多样的主体（突出多样主体的差异）。当妇女和（种族的和性别的）少数族群的成员占据了传统赋予男性英雄的道德追求或者困境时，故事毫无疑问地证实了这种对差异的敏感性。在这里，肯定性表现（positive representation）的问题变得至关重要。

　　这种对差异的敏感性，非常吸引肯定性表现的理念，但是可能让反人本主义的哲学家深恶痛绝，比如巴迪欧，他把这些话语称为"'伦理的'意识形态"，并且将它们与对"真理"的追求区别开来。通常，"肯定性表现"被轻蔑地贴上了"政治正确"的标签。不过，被巴迪欧所忽视的是女性主义、后殖民思想和酷儿理论中的某些组成部分自我反射地质疑了身份的具体化并且拒绝将政治冲动固化在伦理意识形态中。另外，巴迪欧的重要尝

18

试——将普遍的范畴还原为宽容的新自由主义话语和列维纳斯标榜的"他者的伦理"之外的一种选择——可能有点草率。它冒险地假设这些思想和政治必须要做的工作（强调压迫的真实例子）已经完成，并且由此认定我们觉得它们是应该淘汰的。本书的结构表明，我们发现并且承认这种工作的必要性。在开始考查这些彻底抛弃伦理学的常识性概念的做法之前，我们需要质疑表现的伦理与身份政治的潜力。这也涉及它们自己抵制身份/认同范畴的观点，正如在酷儿理论、女性主义和后殖民思想的解构成分中发现的一样。

第2章和第3章表明，为了想清楚这些关于身份和表现的问题，最根本的是考虑电影用来转译权力关系的专用语言（registers）。这样可以避免反映论的陷阱及其关于直接模仿/复制社会现实的假设。这些语言包括：对类型和叙事规则的操纵，电影空间的组织（通过某个角色或者对象在视域中的位置安排，将观众的注意力引向他们），某个角色的视点归属（视觉的和人物的），以及各种吸引观众的手段。一般而言，我们认为任何形式方面的决定（例如固定摄影、跟踪拍摄或者剪切）都铭刻着影片的伦理价值。如果我们承认电影制作活动发生在伦理的范围之内（因为这些决定涉及欲望与责任之间的协商），那么每一个美学方面的决定都含有伦理方面的因素。

19　　某些镜头包含非常明显的伦理含义，例如，《生活多美好》（*It's a Wonderful Life*, Frank Capra, 1947）的收官镜头，摄影机对准这对夫妇和他们的孩子，重新确立了在影片的叙事过程中遭到短暂威胁的家庭价值。在其他情况下，某种标准的道德信息，可能遭到某种形式方面的决定颠覆性地破坏。对此，本书中多个章节都有论及。不过，其他看起来不偏不倚的镜头，也可能必须理解为对某种伦理观点的表达。摄影机明显的中立性，并不一定要暗示对道德的冷漠或者缺乏任何道德立场。例如，从一个固定的、看似客观的视点拍摄暴力行为，很可能是迷惑观众的一种手段，而非暗示（电影作者）对这个事件无动于衷或者妥协共谋，例如《不可撤销》（*Irreversible, Gaspar Noe*, 2002）中的强奸场景，《隐藏摄像机》（*Caché, Michael Haneke*, 2005）中的自杀场景。这些例子造成了伦理模糊的时刻，对这些场景的意义持续不断的批评和争论就是证明。摄影机拒绝携带道德的观点或者对观众的"正确"反应提供指示。在某些情况下，确实可能有伦理观点被附加在事件上，但是它的传播必须通过电影语言而不是摄影技术。例如，在《巴黎浮世绘》（*Code Inconnu, Haneke*, 2001）的一个场景中，拍摄地铁车厢的一个固定镜头，其明显的客观性被故事对其中一个乘客的"偏爱"颠覆了。虽然关于北非第二代移民乘客的历史/故事信息被屏蔽了，但我们"身不由己"地同情那个被他们污辱的白人中产阶级妇女（朱莉叶·比诺什饰）。这既因为我们知晓了/被告知了她的身世，也因为扮演者比诺什的明星地位，两者都迫使观众卷入其中。

关于形式与内容的关系，上述几点可能同时适用于纪录片和故事片。不过，纪录片的理论家曾经指出，拍摄纪录片中的主体与拍摄扮演虚构角色的演员完全相反，引起的伦理问题也大相径庭。虽然我们的很多分析深受这种批评主张的影响，但也要检验其作为普遍要求的有效性。我们承认，在纪录片中，镜头可以被视为电影制作者与他或她的拍摄主体之间关系的直接体现，但是在故事片中，并不能通过这种方式直接推断电影导演的伦理-

政治立场。不过，将这些区分具体化，可能已经导致一种不好的倾向：轻视故事片也能直接体现伦理观念的程度。我们要做一个有细微差别的声明：在纪录片中表达的伦理观点可能更像是电影制作者的观点；反之，在故事片中，叙境世界更易于建构一个伦理框架，它与导演的伦理-政治立场可能有也可能没有直接的联系。另外，由于不同的纪录片消费模式（我们对于影片的各种假设），这些区别被进一步复杂化了。第1章讨论纪录片空间里的伦理价值，并且将这种讨论与伦理和美学之间历史深远的争论结合起来。

伦理意义并非单纯地存在于影像流中，而是更关键地出现在这些影像被接受和传播的过程中。换句话说，伦理意义更多地产生于观众和影片之间多方面的冲突中。这就造成了关于观看行为的伦理问题：谁在看谁？怎么看？在这种冲突中，什么关系被确立？什么关系被破坏？从早期关于电影观众的社会学研究，到解释观众的认同和欲望的心理分析，再到最近对观众异质性的研究，无论明确地还是含蓄地，这些问题已经成为观看行为理论中源远流长的先入之见。当前，关于观众行为的争论围绕着观众的差异展开（性别、性爱、阶级、人种和民族的差异），打破了早期观影关系的固定模式。电影理论家们吸收酷儿理论和后殖民理论的观点，曾经追问过：观影立场（以及它们预先假定的意识形态）是否提前就被影像中内含的观点决定了？或者，它们是否可能被抗拒性的观影实践（拒绝直截了当地看见、偏爱转弯抹角的观看）所颠覆？在对同质性的分类进行批评时，它一直受到伦理-政治考量的影响。这里所说的伦理-政治，其关注对象是差异、他性、边缘化的声音和受污辱的族群。

在观众理论中，尽管有很多关于多样性的讨论，但是，从伦理的角度看，观看行为的动力学还没有完全被打开。鉴于电影在早期曾经因为令观众着迷而被指责为不道德的，这也许有点令人吃惊。在第4章中，我们考查了一种继续被建构为特别具有道德问题的奇观——暴行与受难的影像，从不同的视角处理可以比较的问题。在观看受难的表现可以被视为利用责任指责观众的地方，尤其是在银幕上的"受难"是"真实的"地方，例如，关于战争、种族灭绝或者谋杀的影像资料，有时候与故事片中的虚构场景交织在一起，伦理的争论就转向了观众与被看的受难影像之间的关系问题，并且追问观众的责任的极限何在。也许，萨克斯顿的章节处理责任的伦理，唐宁则致力于探讨备受谴责的观看的快感——重申拥有观看权力在伦理方面的重要性，体现了我们个人最关心的两种不同的伦理模式。不过，在这些章节中，被选来证明显然是最有害的表现的案例研究，往往是能够支持观众具有细微差别的伦理思考的。当我们将带有负疚感的快乐的元素注入观看非道德影像时的体验中，就要面对伦理反应中常常被否认的杂乱状况和矛盾心理。

21

1

"跟拍镜头是个道德问题"：伦理、美学与纪录片

关于电影和伦理，最著名的话当属让-吕克·戈达尔（Jean-   22
Luc Godard）在1959年说的那句名言："跟拍镜头是个道德问
题"（le travelling est affaire de morale）。在一次关于《广岛之
恋》（*Hiroshima mon amour*, Alain Resnais, 1959）的圆桌讨论中，
有人问戈达尔：由电影造成的不安，是道德问题还是美学问题？
他颇具挑衅意味地改造吕克·穆莱（Luc Moullet）的话——"道
德是跟拍镜头的问题"（la morale est affaire de travelling）——
来为萨缪尔·富勒（Samuel Fuller）的电影辩护。¹两种说法都假
定伦理与美学之间存在某种联系；具体而言，他们认为，道德
意义是通过场面调度（mise-en-scéne）对电影现实（pro-filmic
reality）的形式组织造成的，而并非现实本身固有的。穆莱的说
法代表一种较为保守的观点，即：道德仅仅涉及跟拍镜头的问
题；而戈达尔的话则隐含着一种可能会打破形式与内容之间的传
统区分的伦理解释学。根据戈达尔的观点，跟拍镜头的功能，就
像电影形式和场面调度的提喻（synecdoche）。言下之意，当电   23
影作为一种严肃艺术形式的地位还在受到挑战时，这些关于场面
调度的道德及政治意义的主张就不失为一种策略，并且为1950年

1　Godard in Domarchi et al., "Hiroshima，notre amour", 5; Moullet, "Sam Fuller sur les brisées de Marlowe", 14. 关于穆莱和戈达尔的讨论，参见de Baecque, *La Cinéphilie: invention d'un regard*, 206-9.

代《电影手册》（*Cabiers du Cinema*）杂志开创的场面调度批评奠定了基础。时至今日，戈达尔的挑衅虽然渐渐失去了最初雄辩的力量——有点反讽的是，它已经变成老掉牙的陈词——但是不可否认，当代的许多电影批评都得益于戈达尔的洞见。"在今天，要写关于电影的文章，便要继承……（一个）固有观念（idée fixe）：跟拍镜头是一个道德问题"，我们发现，一位法国批评家在1998年所作的评论甚至在法国之外的语境中引起了共鸣。[1]戈达尔的言论在电影研究中提出了一个持续关注的问题：审美形式，或者美学风格，在何种程度上决定了伦理意义？

虽然电影理论和批评从各种不同的角度讨论过这个问题，但是它还需要放在西方美学探索传统的语境中来理解。在电影诞生之前，这个传统就早已存在了。穆莱和戈达尔继承了一种哲学猜想的遗产，这个猜想涉及美学与伦理的关系，或是美（beautiful）与善（good）的关系，可以追溯到古希腊时期。在诸如《斐德罗篇》（*Phaedrus*）、《斐莱布篇》（*Philebus*）和《会饮篇》（*Symposium*）等对话录中，柏拉图暗示，我们对美的感知可以通向对道德的善的知识，尽管他对摹仿有很多误解，并且把诗人和画家逐出了他的理想国。对此，亚里士多德在《尼各马可伦理学》（*Nicomachean Ethics*）中予以回应，为摹仿和艺术进行辩护，认为它们都有助于道德的形成。一些启蒙哲学家重新审视了这些关系，例如，伊曼纽尔·康德（Immanuel Kant）关于审美经验的道德价值的各种观点影响至今，并且在欧洲大陆思想中具有重要地位。毫无疑问，穆莱和戈达尔声称跟拍镜头构

---

1 Nezick, "Le Travelling de Kapo ou le paradoxe de la morale", 161. 参见Rhodes, *Stupendous, Miserable City*, 70; Bukatman, "Zooming Out: The End of Off-Screen Space", 271; Mayne, *Claire Denis*, 103.

成了道德问题，其实是在不约而同地对这一思想遗产进行矫正和辩驳。一方面，他们为电影和迷影文化（cinephilia）在西方美学史上开拓了一席之地；另一方面，他们建议我们要对美与善的关系形成新的认识，并且以此来理解电影给我们带来的情感和认知体验。

本章首先简要回顾一下在18和19世纪诞生的各种美学理论，然后尝试根据电影技术的特有属性来反思伦理学与美学之间的关系，一是法国的迷影文化批评，二是北美的纪录片理论。最后，用余下的篇幅来分析一部纪录片，结合当前关于电影制作者对他们的拍摄主体负有责任的讨论，进一步阐明审美考虑与伦理想像之间的特殊关系。重要的是，本章一开始就强调，研究电影的方法有很多，它们的目标具有明确的伦理性，但本章只涉及其中两个，并且承认它们的局限性。尽管表明的立场是道德问题，穆莱和戈达尔在20世纪中期推动的这种场面调度批评，还是因为其浪漫的、前结构主义的艺术观点以及在政治上具有反动性的形式主义而备受批评。这些方法充其量只是为伦理批评提供了具有启示性的出发点，而非十分成熟的解释框架。此外，本章中所讨论的伦理模式要么早于后结构主义，要么在某个纪录片理论家看来，与伦理体验关系不大（本书一直在驳斥这种指控）。[1]后结构主义批评家质疑了某些启蒙哲学家的根本信条：他们对普遍人性的信任，先验、统一的主体，以及关于科学和理性的宏大叙事。本书后面的章节将会根据康德的道德主体观念（理性的、自主的、普遍的）来照亮这些问题，并且审视另外的伦理主体性模式。

24

---

[1] Nichols, *Representing Reality*, 102.

善、恶与美：康德、席勒、黑格尔

康德在《判断力批判》（*Critique of Judgement*，1790）中指出，"美是道德的善的象征。"[1]康德的意思，并不是说美的客体天生具有道德价值，相反，他坚持认为美学和伦理学是完全分离的两种范畴，但是他又说明我们用来判断审美价值和道德价值的方式存在某种"类似性"（analogy）。[2]文中描述的四种美的契机，与他之前在《道德形而上学原理》（*Groundwork of the Metaphysics of Morals*，1785）中所概述的道德行为理论在结构上具有相似之处。康德认为，判断什么是美的，就像是判断什么是善的一样，是没有利害关系的，即使碰巧与个人偏好一致，也是普遍有效、规范标准的。此外，它们都是自主的、自由创造的，而非受外部律令支配的。就好比道德行为是自由的个体秉承责任作出选择的结果，美的体验也是想像自由活动并与认知共同作用的结果，通过这种想像和认知将审美对象的感觉元素组织成"合目的性"的形式。[3]根据康德的解释，这些结构上的相似性意味着审美体验可以为道德起到"预备教育"的作用。美可以通过明确可感的形式，象征性地揭示它的结构，为我们的道德行为做好准备。[4]

康德对形式的看法，非常契合上文提到的关于电影场面调度主张的语境，即把伦理选择与通过电影技术重塑世界时所做的

1　Kant, *Critique of Judgement*, 228.

2　Kant, *Critique of Judgement*, 229.

3　Kant, *Critique of Judgement*, for example, 229,243.

4　Kant, *Critique of Judgement*, 232.

形式决定相提并论。在康德看来，一个美的客体看起来和谐美好的形式，是通过主观的自由想像构成的，而非客体本身固有的某种属性，它吸引我们，给我们带来快感，由此增强我们的道德意识。康德的形式主义受到了弗里德里希·席勒（Schiller）的挑战。席勒在他的《审美教育书简》（*Letters on the Aesthetic Education of Man*，1974—1795）中指出，仅靠抽象形式的经验是不足以使我们认识到"善"的。根据席勒的说法，如果美要作为道德的象征，那么，改善的内容就和统一的形式同样重要。[1] 正如康德所暗示的，"感性动因"（*sinnlicbe Trieb*，即sensuous drive，与感觉、物质和天性相关）与"形式动因"（*Formtrieb*，即formal drive，与理性相关）并非对立的。与其要康德式的"清除内容的形式"（clearing form of content），我们更应该在两种观点之间建立某种平衡。"物质也有发言权，并不仅仅处于服从形式的地位，而是与形式合作，或者独立于形式。"[2]在席勒的戏剧中，他将正义和自我牺牲之类试图激发道德反应的美德作为主题，从而发掘了这种理论的实践含义。

G.W.F.黑格尔在他的《美学讲演录》（*Lectures on Aesthetics*，1835）中接受并发展了康德关于形式和内容之关系的理念。黑格尔认同席勒的观点，即关于理性与感情、责任与爱好之间的诸多矛盾，康德都不曾克服，但是美学提供了某种解决之道。黑格尔艺术类型学的核心在于理念（Idea）和形态（shape）之间协调一致。理念这个词涉及对立的调和。形态是感官的、具体的，由艺术家改造而成。黑格尔认为，表达媒介对于所表达的信息的适宜

25

---

1 Schiller, *Letters on the Aesthetic Education of Man*, Fourth Letter, for example, 19.

2 Schiller, *Letters on the Aesthetic Education of Man*, Fourth Letter, 85-87.

度，是判断美学价值的一个重要标准："理念，以及它作为具体现实的塑形，要做到彼此完全适宜。只有还原成这种形式，即现实完全符合理念的构想，作为理念的感性显现，才会产生理想的（Ideal）艺术。"[1]在黑格尔看来，形式与内容之间各具特色的关系决定了艺术史上的不同阶段。理念及其表达模式之间的完美和谐，体现在希腊（古典）艺术中。后希腊的（浪漫）艺术标志着某种衰退，因为它的内容——黑格尔认为是基督教的神和内心的智力现实——不能在感觉形式中完整地呈现。[2]通过形式与内容的和谐化，艺术可以重新整合理性和感性范畴之间的现代对峙。在黑格尔看来，艺术由此成为自身的目的，而不仅仅是作为道德教诲的工具；艺术的使命，与哲学一样，是为了揭示真相。

电影能够塑造我们对自身以及他人的伦理态度。当前在争论电影的这种能力时，很少有人提到康德、席勒和黑格尔的名字。尽管如此，他们对审美经验的阐释，影响了电影理论、批评和实践中的重要潮流，尤其是欧洲的传统。例如，康德的美学是贝拉·巴拉兹和齐格弗里德·克拉考尔等魏玛共和国电影理论家最重要的灵感源泉。[3]概而言之，尽管后结构主义思想家在20世纪后半叶坚持批判地审视启蒙哲学的基础，但讨论艺术的道德性（或者非道德性）时，康德、席勒以及黑格尔还是无法逃避的参照点。例如，在拉康关于伦理的研讨班中，康德的《批判力判断》就是一个重要的起点。在这里，拉康把美和死亡驱力看得比善更

1　Hegel, *Introductory Lectures on Aesthetics*, 80.

2　Hegel, *Introductory Lectures on Aesthetics*, 84-8.

3　康德和黑格尔对欧洲电影理论流派的影响，相关讨论参见 Aitken, *European Film Theory and Cinema*. 以及Cavell, *Cities of Words*, 尤其是119—144页，对康德的道德理论与具体的好莱坞类型之联系的最新评价。席勒美学理论对电影理论的影响，曾经很少被提及。有人试图重启这个话题，比如Höyng, "Schiller goes to the Movies".

加重要。史蒂芬·布斯（Stephen Boos）强调了他们的工作与当前美学思考和伦理思想的关联性：

> 若要重新思考伦理与美学之间的关系，就应回到康　26
> 德、席勒、黑格尔，因为正是由于他们的努力，才首次提出
> 了美学的现代概念，作为精神与天性、责任与偏好、理性与
> 感性和谐统一的整体。[1]

与上述哲学家扯上关系的那些电影理论家所面临的任务，就是要说明现代媒介技术改变感知动力的方式。在本章中，最重要的是电影技术改变我们归因于审美经验的伦理价值的程度和范围。电影与现实的特殊联系——指示性的方面——引出了关于伦理表现的新问题。接下来的两部分用来探索18、19世纪关于审美经验的道德维度的各种洞见如何被转译成更加适合电影媒介属性的术语，以及这种改造的工序流程。

场面调度的伦理

我在前面提到过，穆莱和戈达尔坚持对跟拍镜头进行道德控诉，存在某种康德式的因素。康德关于我们只是从客体的形式

1　Boos,"Rethinking the Aesthetic", 15.关于美学和道德哲学的交集的争论，参见 Schellekens, *Aesthetics and Morality*.

上而不是它所表达的内容中获得快感和道德领悟的主张，与电影批评家把道德意义归因于场面调度的做法如出一辙。不过，结合语境来看，戈达尔的话暗示，技术的道德性由它与题材的关系决定。在饱受争议的影片《广岛之恋》中，雷乃（Resnais）试图为那颗落在广岛的原子弹设计一个合适的形式，这或许是通过传统的叙事模式无法表现的。跟拍镜头是电影中用来营造不确定的时空关系的众多方法之一，证明《广岛之恋》这种事件对我们的感知提出了挑战。鉴于阿伦·雷乃试图为电影的创伤性主题寻找合适的表现模式，戈达尔的名言可以被理解为是在证明"形式与内容的和谐统一是伦理表现必不可少的条件"。于是，在戈达尔看来，美可以成为道德性的象征，但只有在伦理的内容被塑造成合适、合理的形式之时。正是这个条件，让戈达尔更接近于席勒和黑格尔——他们试图协调理性和感性、模式和物质之间的对立——而不是康德和他的形式主义。

对于形式的道德性，戈达尔的看法源于一种信念，即对大屠杀这样的暴行进行美化是不道德的。安托万·德·巴克（Antoine de Baecque）指出："对灭绝人类的行为的表现，戈达尔是最先提倡伦理学的人物之一，并且在这方面，拒绝任何唯美主义"。[1] 两年后，雅克·里维特（Jacque Rivetee）在一篇题为"卑鄙"（Of Abjection）的富有争议的短文中采纳戈达尔的论点和穆莱的名言，抨击吉洛·彭特克沃（Gillo Pontecorvo）在《盖世太保》（Kapo,1960）中对奥斯维辛集中营的"场面调度"。里维特认为，对集中营进行虚构性的重现，比如彭特克沃的例子，削弱了

1　De Baecque, *La Cinephilie: invention d'un regard*, 206.

它们的恐怖性，并且"堕入了窥淫和色情的阵营"。[1]在里维特看来，这个镜头非常生动地证明了彭特克沃的做法有问题：最后，特丽萨（Terese）彻底绝望了。她纵身跳了出去，身体被挂在通电的铁丝网上。影片用一个向前的推轨镜头，用和谐、平衡的构图重新呈现特丽萨的尸体。对于这个镜头，让里维特感到厌恶的是，它让人想起了传统的形式美的典型，但形式美背叛了它所表现的内容。重新构图的画面留给我们的审美快感，是对特丽萨的痛苦（死亡）不恰当的、姑息的反应。里维特把《盖世太保》的"卑鄙美学"与《夜与雾》（*Nuit et brouillard*, 1955）采用的形式手段进行对比。阿伦·雷乃将黑白的档案影像、新拍的彩色镜头、画外音与配乐创造性地对位交织，造成一种不和谐的美学。里维特认为这样更加接近集中营的现实。里维特激烈的论辩为某些批评家提供了样板，例如，塞尔日·达内（Serge Daney）就断言，"《盖世太保》的移动摄影"就是"不容置疑的公理"，用内日奇（Nezick）的话说，即"先验的道德"（moral *a priori*）。先验的道德主导了他的批评活动。[2]里维特和达内将《盖世太保》简化为单个的镜头运动，并且执着于这唯一的细节，也被认为是过于迷信。[3]虽然对他们的方法提出了这样的批评，但与这里相关的是，他们的干预呼应了黑格尔的观点：艺术的原始材料与它的塑型（plastic mould）必须相互适宜，或者，用席勒的话说，物质须与形式协调，而不是像"《盖世太保》中的移动摄影"那样

---

1 Rivette, "De l'abjection", 54.

2 Daney, "Le Travelling de *Kapo*", 6. Nezick, "Le Travelling de *Kapo* ou le paradoxe de la morale", 161. 内日奇指出，达内最终质疑并且修正了这个"原理"，他在解释自己的立场时常常忽视这个事实。

3 参见Chion, "Le détail qui tue la critique de cinema".

臣服于它。与此同时，这些批评家推崇的电影挑战了黑格尔关于内容与形式的关系必须"和谐"的观点。《夜与雾》和《广岛之恋》都呈现了内在的矛盾，并且明确意识到它们所描写的现实与它们采用的美学形式之间存在分离。此外，戈达尔和里维特的介入，对康德的两个观点提出了质疑：一是掏空内容的抽象形式中的伦理价值，二是美和善之间根本的类似性。虽然康德的论证暗示非道德的艺术品不可能是美的，并且，描写令人不快的东西可能在道德上是有害的，但是，在戈达尔和里维特看来，那些我们认定为丑的题材，也可能成为道德的善的象征。这一点，从里维特对《盖世太保》和《广岛之恋》大相径庭的反应中清晰可见。尽管两部电影都充斥着死亡、身体和精神受苦的画面，但是前者因为对这些现实进行虚假的美化而遭到贬斥，后者却因为拒绝将混乱和恐怖改造成令人感到愉悦的形式而备受赞扬。

无论怎样，尽管对于美和形式的价值判断存在差异，但康德的思想以及这一派的法国电影批评都得到了相关伦理概念的支持。按照康德的解释，艺术品中的美的根本标准之一是它留下了自由想像的空间。说教性的作品是不美的，因为它剥夺了我们的自主权，而自主权是道德力量的特征，同时，它也剥夺了我们选择生活原则的自由。在戈达尔关于跟拍镜头的道德性的评论中，自由自主的理想也至关重要。在讨论这句格言时，让-米歇尔·傅东（Jean-Michel Frodon）对比了两种不同类型的电影：一种电影旨在"征服"、"操纵"、"压迫"或者"间离"它们的观众，从而使观众放弃自由选择；另一种电影"开放智力和情感的自主空间"。[1]如果戈达尔的观点在于场面调度中涉及的选择决

---

1 Frodon, "Chemins qui se croisent", in Frodon (ed.), *Le Cinéma et la Shoah*, 11-26(18).

定了道德，那么评价这些选择的基本准则之一便是它们给予观众的自由程度。以康德的视角来看，假如跟拍镜头以及其他技术为观众提供了像道德主体那样的自由体验，那么对道德来说，它们就发挥了"预备教育"的作用，不过，这个成问题的主体概念或许该留给21世纪的批评家来解决。里维特对彭特克沃的回应证实了这种自主权，他谴责《盖世太保》中的移动摄影镜头内含的他治性（heteronomy），企图强制它的观众进入一种必须服从外部法则的处境，接受由外部强加的意义，这样就剥夺了观众作为道德主体的自由。

纪录片的形式

戈达尔、里维特以及达内同时从虚构电影和纪录片中举例，但是没有根据伦理意义的产生对两种表现模式予以区分。他们把电影设想为历史现实的一系列踪迹，从而超越了这种区分。相反，在另一种关于形式伦理的学说中，这种区分具有明确的重要意义。这种形式伦理学说诞生于美国的纪录电影理论领域。在讨论"价值图像学"时，尼科尔斯像戈达尔一样从同一个根本前提出发：电影风格从来就不是中立的，而是一种"意义的载体"，"密切依附于道德视角"。[1]不过，尼科尔斯认为，在纪录片和故

---

1 Nichols, *Representing Reality*, 80.

事片中，这种"依附"（attachment）的性质并不相同。故事片表现创造的角色，纪录片涉及"社会演员"（social actors），他们的出现（presence）赋予电影制作者"不同的责任"。[1]尼科尔斯解释说，虚构的电影不一定要直接体现导演的伦理立场，但在纪录片中，"影像与生产影像的伦理之间存在一种引得式的联系（indexical bond）"。[2]他证明形式特征（例如摄影机的位置、电影制作者是否出现在镜头中）是如何体现"伦理准则"（ethical code）的，而特定的"伦理准则"左右了他或她的行为。例如，当电影制作者急忙去帮助一个处于危险中的人时，摇晃的镜头就意味着勇气，面对同一个拍摄主体，固定的长镜头则蕴含着疑问：他或她是否有责任介入其中？

29   尼科尔斯分析了诸如同情、勇敢之类的美德体现在电影空间中的具体方式，把关于形式伦理（ethics of form）的争论从美学、美和自由的概念引向了有关责任的议题。他对伦理的理解，虽不同于戈达尔的"道德"概念（morale），但是并不直接相悖。法国批评家关心的是电影给予观众的自主程度，而尼科尔斯强调的是纪录片制作者对影片主体所肩负的独特的道德和社会责任。不过，尼科尔斯设想渴望的、博学的观众能够对电影制作者的选择进行自由的道德判断，正如艺术的责任在戈达尔的格言中至关重要一样。自主和责任的概念与康德式的道德理论密切相关。尽管康德不曾使用责任这个词，但他仍被视为个人责任制（individual accountability）的典型代表之一，因为自由、理性的道德主体可以为他们的行为作出解释。[3]因此，尽管戈达尔和尼科

---

1 Nichols, *Introduction to Documentary*, 6.

2 Nichols, *Representing Reality*, 77.

3 参见Kant, *Religion Within the Limits of Reason Alone*, Books I and II.

尔斯的观点出现在不同时期、不同地点，并且用不同的方式建构了伦理问题，但他们依旧可以归到同一个有关艺术道德的西方思想传统。尼科尔斯对这种争论的贡献在于，他确认了纪录片制作者所肩负的义不容辞的特殊责任，这与本章余下部分密切相关。随着与那些法国评论家的比较，尼科尔斯的观点变得越发明晰，然而，他小看了虚构电影反映伦理立场的程度，这个问题会在接下来的章节中予以详谈。现在，我将转而讨论一部纪录片，它将某些理论问题转化为一种电影化的表达。

《是和有》

2003年，一部关于奥弗涅山区一所小学的纪录片成了法国的头条新闻，因为影片中的老师乔治·洛佩兹（Georges Lopez）将这部影片的导演尼古拉斯·菲利贝尔（Nicolas Philibert）和制片人告上了法庭。随着《是和有》（Être et avoir, 2002，又名《山村犹有读书声》）在票房上大获成功，成为法国近十几年来最为赚钱的纪录片，洛佩兹指控菲利贝尔抄袭了他的作品，并且要求以"联合作者"的身份分享影片的全部收益。在影片中出现的部分孩子的家长（家庭）对洛佩兹表示支持，他们认为，影片中某些场景是搬演的，他们的孩子出现在影片中，因此应该获得作为演员的酬劳。虽然他们的索赔最终失败了，却引发了法国媒体关于某些司法问题的争论。自1970年代以来，这些司法问题一直左右着美国有关纪录片伦理的讨论。纪录片的参演者是否有权索取报酬？或者如纪录片导演协会所说，索取报酬的做法与纪录片的"本质"（essence）相悖？[1]就法律对此事的裁定而言，至关重要的事实是：洛佩兹以及这些孩子的家长曾经同意菲利贝尔使用他们的影像。正如尼科尔斯指出的，在这类案件中，大家公认的试金石，即"知情同意"原则（informed consent）是无法事先安排的，因为电影制作者永远不会把影片将来的结果提前告诉他们的拍摄主体。[2]不过，正如我在绪论中所说的，在这本书中，我们首先关注的并非权力和许可的概念，而是那些超越了单纯的法律裁定的伦理问题。

《是和有》描述了法国于松河畔圣艾蒂安（Saint-Etienne-sur-Usson）村里的一所学校，那里有13个4—10岁的孩子依照年龄分成不同的小组在同一间教室里轮流上课。影片在表面上看似索然无味、平淡无奇的生活中追寻卓越和非凡，它的主题具有普遍性。批评家们大都认为影片是怀旧的、"暖心的"（heart-warming），并且称之为"建立在充实和稳定的基础上的乌托邦"。[3]细究影片的主题–题材与表现方式的关联，以及美学维度与伦理维度的纽带，我希望指出，本片关心的是现在，而不是要逃离到一个想像的过去或未来的理想的安全世界。影片把内容和形式看得同样重要，影射了童年经历中的不安和痛苦，同时质疑了我们习惯性地赋予童年生活的意义。纪录片的传统定位——作为他人的知识的筹办者——也要经受质询。这部影片不仅关注老师与学生之间的相互影响，也涉及电影制作者、参与者和观众之

1　参见M.G., "Réactions: Questions sur la liberté de création".

2　Nichols, *Introduction to Documentary*, 10-1.

3　Powrie, "Unfamiliar Places: Heterospection and Recent French Films on Children", 345.

间的权力动态。它要求我们思考：摄影机如何重塑现实？它给制作电影的人、出现在影片中的人，以及观看电影的人带来了什么样的责任？

　　某些道德主题是菲利贝尔的题材本身所内涵的。《是和有》讨论了政府机构对于儿童的责任这类恒久的话题，并且将它们与家庭的责任交叠起来，比如，片中有很多场景，作为教师的洛佩兹都代行了家长的职责。在另一层面，影片分析了我们成为道德主体的过程。道德教育被突出为儿童学习经历中最重要的组成部分；一些事件表明，他们发现更多的是关于社会关系和社会行为的准则，而不是课程计划的主题。法语课程是个例外，因为道德养成和语言学习紧密结合在一起，就好比助动词与语法课程的关系，乃是影片关注的另一个重点。洛佩兹与学生的交流，旨在提高他们的宗教品格，比如服从、自律和忍耐等美德，但影片更感兴趣的不是模范的行为，而是道德基础遭受考验或者被动摇的瞬间。正如文森特·马洛沙（Vincent Malausa）指出的：《是和有》中有关友谊或者玩耍的画面很少，根据它的题材来看，实在少得令人震惊。[1]而那些被影片收录的画面，大都以失望结尾，例如，当小利蒂希娅（Létitia）挨个儿地问小朋友们是否把她当作自己的朋友时，只有约翰（Johann）回了一句"不"，而其他人都没有理她。影片反复描绘的那些行为，挑战了关于"好"和"坏"确定准则，例如，乔乔（Jojo）抑制不住的好奇心，以及纳瑟丽（Nathalie）内向的性格。通过几乎不说话的纳瑟丽和十分害羞的奥利弗这两个主要角色，影片强调了掌握一门语言所面临的困难。其次，从内容层面来说，影片设定了一个元伦理学的维度

31

1　Malausa, "Histoires de fantômes", 79.

（meta-ethical dimension）；它既探讨了道德制度的性质问题，也涉及关于德行和义务的基本问题。

与影片的伦理视角同样不可分割的，是它简单得令人难以置信的形式。《是和有》是用超16摄影机（Super 16）拍摄的，一个很小的团队，花了十周时间来熟悉学校为期七个月的课程，慢慢了解班级和课堂，尝试不同的拍摄方法。菲利贝尔同时兼顾摄影、剪辑和导演，他在采访中说，之所以在拍摄时使用自然光并且把摄影机架在远离教室通道的地方，是为了尽量减少中断和干扰。[1]不过，其他决定则并非完全出于这种实际考虑而作出。影片优先使用长镜头而不用快速剪切；当孩子学习时，镜头长时间对准某个孩子，变换焦距，放大到特写，没有被教室中人物的对话和活动带走。这些技巧有助于菲利贝尔捕捉到孩子们毫无防备的专注和分心的瞬间，例如，阿丽兹（Alizé）不厌其烦地摆放她的橡皮擦；乔乔在绘画课上老是走神。并且，通过这些技巧，在观众和孩子们之间建立起某种亲密和共谋。与此同时，影片中的声音时常会把我们的注意力吸引到银幕外的空间，这是属于老师的领域，他无形的声音是其权威的象征。在运用延长的镜头表现孩子们脆弱的瞬间时，这种权力等级变得愈发明显，例如，约翰十分努力却无法读出眼前的单词；奥利弗在被问及父亲的病情时泪水盈眶。由于它们被拍摄的方式，也由于它们所描绘的内容，这些场景使我们更加意识到纪录片具有利用/剥削参演者的潜力。菲利贝尔的计划具有介入性。摄影机一旦出现，就可能改变现实，进一步强化这种干预性。在许多镜头中，孩子、他们的父母，或

1　Philibert, "J'ai choisi l'instituteur, une sorte de double",80; "Nicolas Philibert in Conversation", interview on Tartan DVD of *Être et avoir* (2003).

者洛佩兹，都流露出他们意识到摄影机和工作人的存在，要么悄悄地瞟他们一眼，要么为将来的观众调整一下自己的行为。这样一来，影片就给我们带来了一个由纪录片造成的认识论难题：捕捉到的"现实"的本体论性质是什么？按照追问道德主体性的方式，菲利贝尔允许回应有关导演责任的问题，而不是回避或者禁止它们（用另外的方式拍摄这些场景或者干脆删除它们）。

　　形式优先的准则是如何与内容层面的伦理问题相联系的呢？解决这个问题的方法之一，就是要比较洛佩兹与菲利贝尔的角色/作用。这种比较是由导演引起的，他让老师成为银幕上的"双重人"。[1]菲利贝尔指出，在虚构电影中，导演和演员的关系往往会更为密切（我们会想到弗朗索瓦·特吕弗与让-皮埃尔·利奥德、米开朗基罗·安东尼奥尼和莫妮卡·维蒂或者约翰·卡萨维茨和吉娜·罗兰茨），因为导演要控制演员的表演。洛佩兹和菲利贝尔有一些明显共同的特征和品质：他们年龄相仿，都体现出非同一般的职业奉献精神和耐心，并且对这个世界怀着强烈的好奇心。但菲利贝尔的类比引出了一个更迫切的问题，即他的电影制作活动和洛佩兹的教学行为是否都受到彼此相容的伦理规范的影响？考虑到这种联系，菲利贝尔指出，电影制作者和老师都需要找到最合适的距离来拍摄/面对他们的主体/学生。[2]传统认为，纪录片和教学有着共同的目标：传播知识。正如尼科尔斯的观察，纪录片约定俗成的传统"确定了一种可以处理信息和知识的组织机制，一个是表达它的文本，一个是要获得它的主体"。[3]正是这个传统把纪录片与说教式的教学模式联系在一

32

1　Philibert, "J'ai choisi l'instituteur, une sorte de double",81.

2　Philibert, "J'ai choisi l'instituteur, une sorte de double",81.

3　Nichols, *Representing Reality*, 31.

起了。在此基础上，人们想当然地认为纪录片天生就比虚构电影更有道德性。可是，电影在诞生之初，就被作为幻想和娱乐的源泉，而非教化的资源，正如它之前的小说一样。洛佩兹和菲利贝尔都通过不同的方式疏离了这种说教模式。洛佩兹不厌其烦地帮助孩子们自己寻求答案，并且通过讲理和讨论来解决他们之间的争端。同样，菲利贝尔拒绝把自己变成无所不知的代表或者把他的拍摄主体设定为观众的知识对象。《是和有》是一部关于知识传播的纪录片，但它并不认为"这就是纪录片应该做的"。

在讨论《是和有》时，菲利贝尔对他自己和拍摄主体之间的关系做出这样的概括：

> 我不拍"相关"的电影（about），只拍"相与"的电影（with）。这个差别很细微，但是很重要。这意味着我不会用专家的眼光来制作纪录片，也不希望对正在拍摄的现实发表长篇大论……我并不企图给观众提供大量的事实。我只是努力在观众和影片中的人物之间创造某种冲突。[1]

菲利贝尔的说法回避了这个问题，即，是否有可能拍摄和他人"相与"而不是"相关"的电影？严格地说，就是没有把他人直接卷入拍摄和剪辑过程的电影。在《是和有》中，洛佩兹和孩子们从来没有到过摄影机的后面，也没有在剪辑中做过任何决定（这也是法院拒绝承认他们是影片的"联合作者"的原因之一），正如菲利贝尔和他的工作人员从未出现在镜头中一样。然而，菲利贝尔对于介词的选择，促使我们将这部电影视为合作的

1　Philibert, "Nicolas Philibert in conversation".

结晶，而并不仅仅是观察的结果（就此而言，他的方式与虚构电影有些共通之处，尽管他的拍摄主体比故事片的演员有更多的行动自由）。按照这种理解，他的形式选择，让观众和拍摄主体都参与了意义的生产过程。在风格上，这部电影是暗示性的，而不是确定性的，省略多于解释，摹仿多于说教。在没有人物出现的空镜头中，这种模棱两可的情况更加突出，比如，一些标志季节变化的自然环境长/慢镜头，或者，在上课前和下课后的教室里，我们看见一只乌龟从地板上缓慢地爬过。菲利贝尔的长镜头营造出某种不确定性，并且不用画外音来解释它们的意义，它们的含义大都是不确定的。在这里，我想强调的是这种做法赋予观众的自主权，因为在这部电影的诸多美学选择中，正是这一点似乎可以称得上康德、戈达尔和里维特提倡的"道德"。

33

  在马洛沙看来，《是和有》弥漫着一种"模糊的印象和莫名的不安"、"隐隐的暴力气氛"和"潜在的威胁"。[1]马洛沙的解读敏锐地注意到菲利贝尔通过摄影技巧和剪辑手段，在看似平静的情节或者自然美景的画面中，蕴藏着某种缓和的焦虑和不祥的预感。在影片快要结束时，全班同学都在乡下郊游野餐，阿丽兹却走丢了。有一个片段表现洛佩兹和几个大男孩正在田野里找她，结尾却是一个固定的长镜头，只有齐头高的大麦在随风摇摆。最后，画外音表明，阿丽兹已找到了，但摄影机依然对准不停涌动的麦田，既不让我们看到孩子已经回来了，也不解释她走丢的原因。金绿色麦秸随风轻轻摆动的画面是和谐、舒适的，但是把它接在阿丽兹走失的影像后面，就产生了一种模糊的含义，需要观众创造性地理解。就像《广岛之恋》中那些备受称赞的跟

1　Malausa, "Histoires de fantômes", 80.

拍镜头所造成的不适感一样，菲利贝尔的摄影技巧所散发出的不安全感，正如戈达尔那样，也可以理解为自然蕴含的伦理和美学。按照康德的说法，影片中那些含义复杂、模糊、难以确定的影像，就像自由想像的催化剂，启发了我们的道德自由意识。通过拒绝启蒙说教、摈弃虚假的剧情、充分利用银幕外的声音空间，影片为自主的观影活动留有余地，让想像来助力思辨的价值评判。同时，正如我已表明的，在打破固定的意义、提供模糊的体验，以及证实席勒对康德形式主义的保守等方面，电影的内容也发挥了同样重要的作用。此外，正如电影机器限制了康德式道德判断和审美判断的两个主要特征——自主性与无利害关系，影片对道德形态的复杂性与矛盾性的描绘，也质疑了统一的自我观念。统一的自我能够做自由的决定，而自由的决定构成了哲学家的道德理论的基础。按照尼科尔斯的说法，如果菲利贝尔的影像可以被看作生产它们的伦理学留下的标志性印记，那么，它们就会邀请观众审视这些伦理，而不会轻信剧中的主体性神话。

34 结 语

根据戈达尔的线索，本章考察了电影形式在伦理意义的产生过程中发挥的根本性作用，尤其关注深藏在纪录片表现形式中的价值。《是和有》的伦理含义，并不完全由它的内容决定。菲利贝尔对于电影形式的选择，不能单纯根据美学考虑来解释，观众也可以从道德的角度进行理解。在评价伦理和美学之间的关系时，我特别关注对场面调度的道德性和纪录电影空间富有创造力的解释，以及这些解释受到古典哲学关于善与美之争影响的程度，并且认为后者为电影理论与批评提供了尚未开发的资源。《是和有》既没有印证康德主义的道德理论，也没有向我们呈现康德模型中典型的道德主体。菲利贝尔排斥这种确定性的、普遍性的道德计划，强调电影要与最近的各种伦理学说进行对话，这正是本书后面的章节要做的事情。此外，我也试图证明，菲利贝尔的电影突出了关于导演责任和观众自主权的问题，对于这些问题的探讨，运用美学理论，而不是司法理论肯定更有效，即使这里讨论过的那些启蒙哲学家们也未必能够想像他们的思想能被这样运用。

2

考验肯定性：性别、性与表现

上一章讨论了纪录电影制作者在技巧、形式和美学方面所做   36
的决定的伦理意义，并且努力解决启蒙运动思考伦理与美学的历
史对电影生产的影响，本章转向故事片制作中长期争论不休的关
于肯定性表现（positive representation）的问题。故此，这里首先
审视政治和伦理在电影中特殊的交集，深入地分析内容和形式的
关系在创造女性和同性恋角色的表现时如何工作，讨论"肯定的/
否定的表现"这组概念内在的问题，捕捉细致入微的伦理知识。

与库普弗在《美德想像》中的做法不一样，我无意比较根据
绝对美德的等级制度来讨论的叙事电影的角色。相反，我要研究
一直以来都这样被称呼的伦理-政治意义，不仅在于导演选择表
现角色做什么，或者利用虚构的人物表现什么道德特征，而且在
于画面的结构方式和拍摄方式，以及它使用、改造或者挑战了哪
种类型惯例。根据上一章的分析，我们应该明白，叙事电影也同
样地利用形式和内容来建构意义，并且，伦理意义和政治动机有   37
时候不是被电影实践和意识形态环境加强了，反而会被削弱。

"肯定的表现"这个概念起源于这些争论：最先是1970年
代初期的女性主义批评关于受社会学影响的所谓"女性形象"
传统的争论；后来是受身份/认同政治驱动的（identity-politics-
driven）男/女同性恋研究。女性主义批评的成果主要体现为：莫

莉·哈斯克尔（Molly Haskell）的《从敬畏到强奸：女性在电影中的遭遇》（*From Reverence to Rape: The Treatment of Women in the Movies*, 1973），以及玛乔丽·罗森（Marjorie Rosen）的《爆米花女神：女人、电影与美国梦》（*Popcorn Venus: Women, Movies and the American Dream*, 1973）。两者都认可好莱坞电影对女性的功能和典型的分类，哈斯克尔的书尤其关注银幕上的女人无非是露骨的类型（妖妇、处女、妓女、荡妇和拜金女），而罗森的书关注好莱坞电影如何在给女性提供的动机和结局中"挤压女性的自我决定"。根据罗森的观点，好莱坞的女性渴望"赢得另一个人的爱"，这种渴望远甚于其他任何目标，比如，耕耘她们的工作，或者"独立的未来"。[1]首先，两本书都是描述性的，并且在政治上是理想化的，而不是要提出一种理论立场，因此它们没有彻底地质疑政治现实和电影表现之间的关系。[2]

有的学者致力于在电影中"发现"之前不受关注的"少数民族"，这类著作关注妇女的表现，是关键的灵感来源。例如：维托·拉索（Vito Russo）的《赛璐璐的密室：电影中的同性恋》（*The Celluloid Closet: Homosexuality in the Movies*, 1981 and 1987 revised）以及安德里亚·韦斯（Andrea Weiss）的《吸血鬼与紫罗兰：电影中的女同性恋》（*Vampires and Violets: Lesbians in Film*, 1993）。两者都关注到电影中的男同性恋角色和女同性恋角色的"否定性表现"（negative representations）——或者被擦除的表现（erasure of representation）。维托突出了电影中长期存在的陈词滥调：将同性恋的男子描写成没有性欲的"西西"，把女同性

1　Rosen, *Popcorn Venus*, 105.
2　参见Fabe, *Closely Watched Films*, 207-9.

恋角色描写成怪异的或者残忍的；后者成为韦斯深化延展的主题，但是很小心谨慎，没有暗示用更加"肯定的"、"合适的"表现取代这些具有社会破坏性的角色就会提供"正确的答案"。她写道，"对形象进行的真/假测试（对/错测试）表明，只要用更加令人满意的形象取代陈规老套的形象就足够了……它号召去掉不愉快的形象，但不质问造成这种不愉快形象的意识形态过程，结果忽视了更多更大的关于表现的问题。"[1]

那么，对于女人或者女同性恋，肯定的表现是什么呢？追问这个问题，怎么会成为一项伦理事业呢？像韦斯一样，我们可能也会怀疑这种看法（用"肯定的"表现取代"否定的"表现，无论如何都会影响社会态度的现实），并且意识到这种净化行动可能会冒一点风险（进一步消除了对某些社会群体有害的文化态度的可见性）。另外，"肯定的"这个标签本身，在政治和伦理方面也是令人担心的，因为它带有含蓄的价值判断，并且，它始终是主观的，具有文化的特殊性，但是在令人着迷的电影空间里，可以表达中立的印象。在赞美经济成就的社会语境中，尤其是在商业范围内，像迈克·尼科尔斯的《上班女郎》（*Working Girl*, 1988）这样的电影，可能被认为给女人塑造了一个"肯定的"表现，因为梅拉妮·格里菲斯（Melanie Griffith）饰演的同名女主角——接受老板工作的秘书——被表现得与曼哈顿金融世界里她的男同事一样成功。不过，在女性主义者看来，这种对（工作女郎的）表面价值的评价，完全忽视了其中想当然的政治意识形态。最明显地，这种评价对反资本主义的批评完全视而不见。仅仅以社会经济阶层为基础来表现女人的"力量"，这种理解明显

38

1　Weiss, *Vampires and Violets*, 63.

是偏颇的、成问题的。"考验肯定性"（testing positive）这个概念的难点在于，它冒险地接受而不是批判地审视各种加强控制性的电影生产文化的意识形态。

同样地，明显激进的或者非主流的批判视角，也存在许多盲点。《末路狂花》（*Thelma and Louise,* Ridley Scott, 1991）是一个非常棒的例子，它看似塑造了"自由的"女性角色的典范，同时也在很多方面破坏了它创造"肯定"形象的初衷。本章的前半部分，我会探讨这种电影叙事的逻辑如何破坏它所拥护的明显的自由主义话语，并且追问它模棱两可的结局是否质疑了救赎性叙事本身的可能性和/或伦理价值。同样，质问否定的或者负面的表现，利用它们的能力揭示造成它们的各种意识形态的作用，进而从伦理和社会的角度暴露那些不可靠的观念，也是富有成效的。本章第二部分，就以这种方式读解迈克尔·温特博顿（Michael Winterbottom）在《蝴蝶之吻》（*Butterfly Kiss,* 1995）中对故意杀人的女同性恋者的描写。

电影中的女子：《末路狂花》

作为一部开创性的女性主义电影，《末路狂花》受到了评论界的广泛关注。它由女性主义剧作家考利·库莉（Callie

Khouri）编剧，给吉娜·戴维斯（Geena Davis）和苏珊·萨兰登（Susan Sarandon）提供了强大的行动的女性角色。[1]在最基本的层面上，影片表现的是一个年轻的居家的妻子塞尔玛（Thelma），试图摆脱异性恋夫妻家庭烦琐的家务和沉闷的生活，与更加独立、自信、工作的闺密露易丝（Louise）一起踏上"女性假日"之旅的故事。一路上，塞尔玛被男人用暴力和欺骗的手段（强奸和偷窃）彻底剥夺了清白，当然，还有她后来伙同露易丝枪杀了强奸犯，以及自己实施的持枪抢劫。

影片利用大量典型的视觉技巧来表现两个女人之间的对比——见过世面的露易丝，需要保护的塞尔玛——然后操纵由此建立的视觉规范，表现塞尔玛怎样一步步地丧失了自己的清白，以及她假想的力量。在《末路狂花》中，女人的穿着打扮与她的性格之间的联系——分析女人在电影中的表现，通常会关注这一点——对于政治含义的编码非常重要。当露易丝开着她的敞篷车去接塞尔玛时，她穿着衬衣和牛仔裤，戴着运动型的太阳镜，用丝巾把头发束在脑后。穿衣打扮的符号学传达出干练、独立和冷静的气质。相反，塞尔玛身穿白色的连衣裙，梳着波浪形的头发，有点像前拉斐尔派的绘画（我们发现，在先前的场景中，她用夹子卷着头发，意在强调塞尔玛有一颗少女心）。这样一来，这两人从电影的开头，就在视觉上形成了鲜明的对比。

同样地，对于周围的男人，她们的行为举止明显地暗示女

---

1 《电影季刊》（*Film Quarterly*）和《电影艺术家》（*Cinéaste*）都针对当年的电影发表学术专题。Marita Sturken 的专著《末路狂花》（*Thelma and Louise*），是BFI在 2000年出版的。Bernie Cook主编的论文集 *Thelma and Louise Live! The Cultural Afterlife of an American Film*, 2008年由得克萨斯大学出版社出版。还有很多单篇论文，以及书中的章节。

人可以分为不同的"类型"。在晚餐时，哈伦（Harlan）前来搭讪，露易丝很冷淡，而塞尔玛却在酒精的作用下（从对话得知，她很少嗜酒）显得相当主动和友善，最后还同他一起跳舞。"你难道不知道别人在和你调情吗？"露易丝问。显然，塞尔玛不懂这些。最后，哈伦在强奸醉得失去行动能力的塞尔玛时，被露易丝开枪击毙。开枪之后——这个关键的事件，造成人物命运的转折，也是促使她们改变的催化剂——塞尔玛还有点乐观，而露易丝却担心她们的行为不能被警察和社会理解。塞尔玛问，"我们不该报警吗？告诉他们发生了什么事？全部都说？说他在强暴我？"露易丝回答道，"一百多人看见你和他脸贴脸跳舞，谁会相信呢？我们不是生活在那样的世界，塞尔玛。"库莉让两个女人在对话中唤起了一个老生常谈，但持续不断的话语：酒后被强奸的受害者是"自讨苦吃"（在比《末路狂花》早三年的《被告》[*The Accused*,1988,又译《暴劫梨花》]中，"自讨苦吃"被当作前提条件）。

不过，塞尔玛从无辜到有罪的"堕落"，与影片逐渐增强的讥讽、憎恨男人的逻辑是一致的。J.D（布拉德·皮特饰演）这个家伙有一对"漂亮屁股"，塞尔玛坚持要同意他搭顺风车。他在与塞尔玛度过销魂的一夜情之后，偷走了露易丝的钱包。影片对男人的讽刺与仇恨达到了高潮。在表现J.D和塞尔玛做爱的场景中，以及之后的场景里，电影用来表现女人的方式是完全不同的。电影在拍摄塞尔玛（戴维斯）的身体时，与穆尔维等人讨论的方式是一致的，体现了电影特有的男性异性恋的凝视。摄影机用特写的方式，顺着戴维斯的大腿，缓慢地移到她的胯部、腹部。我们的所见（想像）与布拉德·皮特的目光是同步的；在镜头中，可以看见他的脸，当他从下到上地吻她斜倚着的身体时。也许可以这么认为，这个场景是在表现男人的视点（尽管此时的塞尔玛明显地非常享受，后来还和露易丝讨论这场性事）。如果 40 这可以被视为对女人的身体进行物化/对象化的典型镜头，那么下一场戏则刻意呈现了另一种可能（整个美学结构都以视觉对比为基础）。影片直接从性爱场景切换到露易丝的镜头：孤单单的一个人，心事重重，面对窗口。塞尔玛，先前曾是幼稚的化身，现在是肉体的表现。而露易丝则代表大脑。

但是，一旦塞尔玛发现J.D偷了她们的救命钱，她的态度和外貌都变了，电影拍摄塞尔玛和露易丝的方式也开始趋同了。为了挽回露易丝的钱，塞尔玛抢劫了商店。但我们看到她的行动，是通过闭路电视的黑白影像，而不是实时的抢劫场景。通过屏幕上模糊不清的影像，我们发现塞尔玛非常自信、冷静、指挥若定。她戴着太阳镜，手里握着枪，从一个头脑简单的欲望的对象变成了行动者。当摄影机从闭路电视的显示屏上摇开（先前占据了整个银幕），我们发现一群警察在屋子里观看抢劫现场的监控录像。他们将她视为行动者，而非单纯的女性的身体。此时，男性的凝视是通过模糊的影像，而不是通过对她身体的特写镜头，就像在她与J.D做爱的场景中那样。电影对塞尔玛采取了不同的理解和拍摄方式，表明她渐渐远离了传统异性恋的女性气质规范。我们也许可以这样认为：之所以要用典型的方式拍摄塞尔玛和J.D一夜情的情欲场面，正是为了与后一个场景形成价值取向上的对比/平衡。

到影片快要结束时，塞尔玛和露易丝之间在视觉上的差别几乎完全被消除了。塞尔玛剪了头发，脱掉飘逸的长裙，穿上了粗布衬衣和牛仔裤。现在，她不再是凝视的对象，而是和露易丝一起分享凝视，彼此作为纯粹女人的镜像。片中有很多片段，表现两个女人开着敞篷车一路飞驰。长镜头和特写镜头相互交替：广袤的地景使长镜头中的汽车看起来很小，特写镜头从侧面拍摄两个女人的脸，看起来像彼此亲密的依偎。这种侧向观看（避开摄影机，不正面拍摄），没有将女人呈现为凝视的奇观，而是表明两个女人之间自足的、互为主体的亲密关系。在这些片断中，谢尔·希尔弗斯（Shel Silverstein）的《露西·乔丹的民谣》（*The Ballad of Lucy Jordan*）就作为叙事情境之外的声轨一直伴随着塞尔玛和露易丝一路疯狂地奔向墨西哥，旅程的结尾是在大峡谷的亲吻。《露西·乔丹的民谣》讲述一个家庭主妇的辛酸故事，某一天，她从一个白人郊区家庭的卧室里逃出来了，不知道是用什么方式，可能是自杀或者疯狂，也可能仅仅是逃跑。露西·乔丹对家庭生活和妻子身份奇特而模糊的摈弃，仿佛预告了塞尔玛和露易丝最终的结局。

41　　当我们尝试对《末路狂花》进行伦理分析时，不仅要考查其中表现女性气质的影像以及关于女性主义的话语，而且必须追问一些关于类型和性别的问题。一般而言，《末路狂花》是一部相当经典的公路片。首先，作为一种传统的工具，它允许一个男性叛逆者（例如，《逍遥骑士》），加上一个女性同伴，逃脱家庭生活、传统习俗和异性夫妻关系的束缚。公路片中的女英雄或者男英雄通常是不一样的，例如大卫·林奇（David Lynch）的《史崔特先生的故事》（*The Straight Story*, 1999）中年迈的主人公，开着老旧的割草机，穿州过县去看望多年不见的兄弟。与好莱坞的其他很多类型不同，公路片积极提倡另类的生活方式，是女性主义和酷儿计划所青睐的类型。斯蒂芬·埃利奥特（Stephan Elliott）高级露营风格的《沙漠妖姬》（*The Adventures of Priscilla, Queen of the Desert*），就是明显酷儿化的公路电影。其次，这种类型非常适于探索非主流人物的主体性和冒险之旅，比如意见不合的夫妻，或者不满社会规范的个人。不过，人们已经指出，这种对社会规范的摒弃，通常只允许出现在一定限度之内。在路上流窜的人往往是罪犯和后现代的恶搞，前者比如《邦妮与克莱德》（*Bonnie and Clyde*, Arthur Penn, 1967），后者比如《极度战栗》（*Kiss or Kill*, Bill Bennett,1997）和《操我》（*Baise-Moi*, Virginie Despentes and Coralie Trinh-Thi, 2000）。他们的犯罪行为通常遭到监禁或者死亡的惩罚。不过，也可以说，公路片的模式本来就倾向于反动和保守。从日常生活中解脱和超越社会期待的前提，即支撑传统公路电影的意识形态，我认为是很成问题的，因为它想当然地认为可以通过"自我表达"和逃跑来获得自由。

有时候，利用场景和空间，公路电影非常感人而且有效地向观众传递了自由的信仰。在一篇关于公路电影的文章中，露西·谢尔（Lucy Scher）写道："在公路电影周围，有一种即时的图像学——我们知道它们要向我们展示广袤的风景，与封闭的车厢形成对比"。[1]利用一种视觉语言，比如将控制与逃脱进行对比，暗示逃亡者向往的崇高的自由，展示他们从车上看到的风景，公路电影就可以发挥预期的作用。在《末路狂花》具有标志性的结局段落中，当警察从四周逼近时，威风凛凛的警用直升机抢占了风景，无数武装警察部队处于前景，使露易丝和塞尔玛孤立无助的敞篷车显得格外渺小。大峡谷代表一种宜

1　Scher, "Road Movies with a Map" (accessed 29/01/09).

人的慰藉，一种女性主义者无限自由的乐土，让我们不由自主地相信萨兰登和戴维斯会冲进去，摆脱父权的话语。由此，公路片中的风景被用来从视觉上暗示一种本体论的愿望。塞尔玛和露易丝的"纵车一跳"，可能被解读为直接从话语进入本体的经验。当然，这种理想化的超越，实际上并非崇高，而是一种被编码的、特别美国化的关于自由的可能性的话语。最后，人们会发现，开放之路的承诺，实际上是某种版本的美国梦：对女性的异想天开象征性的支持。

我认为，对塞尔玛和露易丝的表现——从各个方面看，都是基本"肯定的"——保留了另外一些具有破坏性的意识形态，并且屈服于某种逻辑，诱导我们陷入一种安逸的妥协，对女性跳入深渊无话可说。它维护了某种错误的想法，福柯曾经提醒我们注意：想当然地认为一个人可以摆脱权力。塞尔玛和露易丝崇高的一跳，应该意味着毁灭，但又通过电影手法机智地转化为对自由的礼赞，比如，汽车发动起来，冲出悬崖，然后镜头凝固了，两个女人好像在飞翔，永远停留在那一刻，拒绝表现她们撞到谷底的惨状。此外，令人销魂的音乐一直铺满了结局的镜头，意味着某种救赎或者解脱，正如用镜头呈现大峡谷的美景体现出自由的理想一样。这样以来，塞尔玛和露易丝就变成这样的女性：她们没有成为罗森和哈斯克尔让我们注意的那种被动的、温驯的典型，事实上，她们用各种方式冲破了这些束缚。但《末路狂花》的结局是一种言不由衷的乌托邦；它提供了一种并不可靠的自由的想象，而不是纠缠于那些棘手的问题，比如妇女在父权制中的地位，或者社会边缘人遭遇的惩罚。这并不归因于大家都知道的智慧，即是说，我不认为任何以女主人公的死亡来结尾的电影都

42

是厌女症的或者否定性的。《末路狂花》之所以不够坦诚，是因为它既拒绝表现她们成功逃脱到墨西哥的生活，也拒绝表现她们的死亡。当高级警官赫尔（Hal）在电话中问露易丝"你想不想活着出来？"，她回答"不"时，影片已经为我们预示了（我们）后来不想承认的结局。在最后关头，警察围住了两个女子，武器已经瞄准了她们，塞尔玛对露易丝说"我们继续冲吧"，实际上隐晦地表明她同意赴死。不过，从伦理的角度，并没有让这两个人选择死亡来结束痛苦的生命。警察赫尔被描写成一个富有同情心的人，他发现了她们的痛苦。在影片中塞尔玛和露易丝跳崖之前，他的最后一句话是"她们要被人欺负多少次？"批评家们喜欢将《末路狂花》的谴责读解为有意设置的开放式结局，以便激发电影后续的意义，正如伯尼·库克（Bernie Cook）新编的著作《塞尔玛和露易丝活着！：美国电影文化的来生》（*Thelma and Louise Live!: The Cultural Afterlife of American Film*，2008）所暗示的一样。[1]不过，我认为这个结局是善意的谎言。我们明明看见她们选择赴死，影片却在凝固的画面中戛然而止，借此鼓励我们相信她们还在某种超越的意义上"向前冲"。

影片中，好莱坞特意建构的自由观念，既没有被否定，也没有被质疑。影片表明一个人无法愉快地逃脱权力结构，但没有把这个伦理工作进行到底。它设计了一个看似批判的谎言，使悬而未决的伦理问题让步于虚无缥缈的胜利的奇观。

43

---

1 Cook, *Thelma and Louise Live!*, 1.

杀死你和我

迈克尔·温特伯顿的《蝴蝶之吻》是一部与《末路狂花》非常神似的公路电影。不过，这部英国电影最显著的特征之一就是它的英国风（Englishness），尤其是北方英国风格。片中人物米丽娅姆（Miriam）和尤妮斯（Eunice）明显带有兰开夏口音，一下子与美国电影的类型传统区别开来。故事发生在普雷斯顿和黑池附近的高速公路以及一级公路沿线的加油站和格拉纳德旅馆。普雷斯顿和黑池都是经济比较落后的北方小城。在早先的一个场景中，影片的主人公站在米丽娅姆的妈妈的议事厅楼上瞭望四周的路况，尤妮斯暗示她们有各种不同的方向。她不停地叨咕——588号公路，6号公路，黑池塔，过了就是大海……勾画出她们领地的界线。当尤妮斯告诉米丽娅姆"我已经仔细考察过所有的道路……为了爱我的人。你已经找到了爱你的人"时，尤妮斯冒险的条件已经确立了：就像许多经典的公路电影一样，这是对爱与归属的追寻，并且相信它们就在"路的尽头"。尤妮斯多愁善感而又理想主义的话语难以令人信服，因为我们看到的是工人阶级的场景，并且知道她是一个杀人犯，曾经威胁、攻击甚至杀死了几个加油站的女工。尽管我们知道一些真相，但得益于轻柔而怪诞的非叙事情景音乐，以及镜头围绕尤妮斯和米丽娅姆旋转的催眠效果，这个场景还是具有某种紧迫感和奇怪的情绪张力。镜头围着尤妮斯和米丽娅姆转，把她们置于旋转的中心，两个被照亮的身影衬着繁星满天的背景。影片将无依无靠、冷落边缘的人物置于中心，作为轴心，是为了实现某种相对化，恢复性别、性征和阶级的"中心地位"。这个中心就像某种中立的、不被注意的规范。因此，这是一套话语，它可以反驳，但是不能彻底消除另一种话语。

正如上面描述的，影片将各种规范和话语出人意料地并置，在每一次转折处造成心理期待的中断，包括内容和形式。就主题和结构而言，影片充满了混乱性和偶然性，让这两个人在旅程中随意杀人和偷车，漫无目的、突发奇想。在形式上，中断也成为一种美学口号。我刚才讨论的那个段落非同一般，正在于它具有沉思气息的静止性。疯狂是大部分行为的标志。尤妮斯踏遍路边的一家便利店，去寻找一盘录有"爱之歌"的磁带时，但是她忘了歌名，摄影机跟不上她，于是直接加入一些没有她的镜头，转而呈现货架以及其他挡路的东西，破坏了构图。

同样的，奔驰的汽车不断地出现在观众和银幕上的主人公之间，正如在影片开头那个段落中看到的一样，尤妮斯固执地沿着路边的隔离墩行走，汽车就在她前进的身影和摄影机之间飞驰，从她身边呼啸而过。电影进行到第十四分钟时，有一个长镜头，尤妮斯和米丽娅姆面对面坐在加油站的墙上。摄影机架在加油站前面，马路从两个女人和摄影机之间穿过。观众看到的米丽娅姆和尤妮斯，她们之间的对话，不时被从摄影机和拍摄对象之间飞驰而过的汽车及其声音打断。这样做，是为了在观众和电影人物之间设置移动的障碍。它打破了观者和观看对象之间的直接联系，并且暗示各种运动的可能性。它一定会挑战或者打断我们与表演以及其他事物之间的关系。因此，通过尤妮斯追求归属的过程，也通过摄影机与道路、奔驰的汽车以及女人之间的关系，对公路电影的期待建立起来了，只不过这种方式更加强调混乱、中

44

断和变形。

影片中，身份/认同——尤其是通过相关性建立起来的身份/认同——不仅得到了强调，而且被赋予一种令人不安的非稳定性。尤妮斯的名字被简化为Eu（You/"你"）；米丽娅姆简称为Mi（Me/"我"）。由此，米丽娅姆（我）成为银幕上意识的中心。影片一开始就让我们明白了这一点。米丽娅姆和尤妮斯的冒险构成了影片的主体，通过全彩的闪回镜头与纪录风格的黑白段落交替呈现。在纪录风格的段落中，米丽娅姆叙述了她们的爱情故事以及警察对尤妮斯犯罪行为的问讯。Mi/米丽娅姆/"我"被安排来使用诸多可见的技巧，包括画外音，鼓励观众对"我"产生认同。这类影片非常喜欢激发直接的身份认同。不过，我要指出，先前讨论的形式手段有时会破坏认同，这种对角色命名的方式（Eu/You和Mi/Me）也不例外，它让认同感过于武断了，以至于我们不能毫无问题地、非自我意识地认同。影片旨在暗示这种可能性，甚至把它复杂化了。尤妮斯（You）是相异性（alterity）的体现，是一个备受煎熬的、宗教迷狂的杀人凶手，她背负着沉重的包袱，最直接的表现形式就是链子和尖刺。在处理自己的事情时，尤妮斯经常狂躁地喋喋不休——"看看那是谁，那是我！"——从语音上混淆Mi/Me和Eu/You（以及观者和场景）之间的主体/客体关系；把我（Me）包含在她的"你"（you-ness）中，涉入她的他者罪行，站在异见者的立场，对主流唱反调。在影片中，她的功能就是扰乱认同，不断地对身份进行质疑，向她遇到的每一个女人逼问："你是朱迪斯，难道你不是？"如果得到否定的回答，就会杀死她们。因此，"朱迪斯"这个名字变成一个重要的能指，是尤妮斯倒霉的、一心追逐的对

45

象。有时候，朱迪斯代表尤妮斯缺失的爱人，有时是指《圣经》中的朱迪斯，她砍掉了荷罗浮尼(Holofernes)的头颅，尤妮斯剪了一幅她的标志性图像放在车上。因此，从她的两种外貌来看，朱迪斯既是典型的蛇蝎美女，也是祭献的牺牲，因为尤妮斯向米丽娅姆坦承，她寻找朱迪斯，就是为了祭献她。不过，还有另一个曲折的突转，拒绝固定不变的主体/客体和主动/被动之分，最终向米丽娅姆请求成为祭献牺牲的人，恰好是尤妮斯。在影片快要结束时，米丽娅姆把她的爱人淹死在海里。

身份/认同和流动性被置入一种特殊的关系。米丽娅姆足不出户的母亲声称："我从来不去别的地方，这就是我的活动范围。我从来不去别的地方。如果你不出去，你就不会作恶，你会吗？"尤妮斯回答道："恶在你心中。如果你不出去，你就永远无法摆脱它"。因此，身份虽然是变动不居的，但它的过程也可能表现为一种困扰。在命名和滑动的游戏中，影片阐明了"身份并非不言而喻、显而易见"的道理，同时表达了这种认识：质询的话语——"你"，以及应答的问候"看看那是谁？那是我！"——从未彻底超越，尽管尤妮斯试图通过各种方式来摆脱它，比如杀人、充满色情的惩罚（她戴在身上的链子），或者不断重复的宗教话语。这些元素的阶级内涵是非常重要的。米丽娅姆的母亲拒绝超出自己的活动范围，非常巧妙地暗示了社会流动性和资产阶级化的魅力与局限。与同辈的其他人一样，她受到的教导是，她不必超越自己的限度（rise above her last）。

影片对公路的利用，从地理环境的层面规定了语言阐释的身份。行走在路上，并非意味着彻底的自由或者逃脱，而是用可见的方式直观地体现勇往直前（直线前进）的困难。当她们把车开到了所能到达的最远之处，横亘在面前的是一片水域，尤妮斯几乎绝望地问："我们怎么才能过河呢？"她还说："我总是迷路，总会在林子里打转。"尤妮斯常常误入歧途，有时在道德上，有时在精神上，有时在行走的方位上。杀死又一个可怜虫，仅仅相当于走错了一条岔路。尤妮斯是被特意塑造的身上问题重重的追求自由的主体，凭借她绝对的相异性和精神异化，可以阐明自由事业的陷阱以及最终的希望渺茫，而头脑清楚、精神健全的人却不能谈论这些。

关于逃脱、救赎、爱和家这些主题，尤妮斯的话语一直是混乱而且武断的。显然，她那些过于武断的言论，几乎都是在路上行走时发出的。有一个在车上的场景，我们听见尤妮斯在朗诵一首关于回家难的诗——她说是朱迪斯写的；她还唱了一首关于死亡与超越的歌；然后与米丽娅姆打情骂俏（亲我一下，你这个可爱的小东西！）。一辆毫不起眼的轿车，是从某个受害者家里偷来的，行驶在英格兰北部的公路上。车里面传出令人困惑的混杂的声音：诵诗，唱歌，打情骂俏，曲子是冰岛后现代流行歌后比约克（Björk）在唱《生活比这还重要》（*There's More to Life than this*）。行走在路上，甚至于追求（自我或他者）这个想法，都无法实现它所许诺的一切，就像尤妮斯引用的各种言论以及比约克的歌词所宣称的那样。同时，从高处拍摄公路及其滚滚车流的镜头，暗示不屈不挠的运动和前进的方向。与此同时，公路电影的图像学，被特意用来作为反驳和暴露的话语。另外，当摄影机运行到低处并且跟拍行驶的汽车时，从相反方向开过来的货车巨大的阴影，离摄影机越来越近，把尤妮斯和米丽娅姆的轿车衬得非常渺小，甚至完全遮蔽了它，将个人自由的神话与高角度镜头

46

所暗示的孤独进行鲜明的对比。美国中西部辽阔的平原可以提供唯我论的自由主义幻觉（作为公路的主人），温特伯顿利用英格兰北部拥堵的马路却做不到。正如迈克尔·阿特金森（Michael Atkinson）所言，《蝴蝶之吻》中没有"美国公路片宽阔的道路，只有英格兰北部一个接一个凄凉而沉寂的路的尽头"。[1]重要的是，公路电影可能暗示的雄心壮志，无论是个人的还是社会的，都没有实现：女人们只能在自己的范围内沿着"Z"字形路前行或者无助地兜圈子，一直在走，但始终无法比米丽娅姆的母亲走得更远。通过不太调和的话语拼贴以及美国类型与英国背景的并置，《蝴蝶之吻》秉持的后现代美学，宣告了一种分裂的意识形态，一种超越的愿望，最终被撕成单薄碎片，暴露了分歧背后存在的恐怖。

也可以这么认为，对公路电影传统的扭曲，以及对上述空间的利用，与影片对其主要角色的性欲和边缘性的表现是紧密关联且并行不悖的。仇视同性恋爱的陈规旧习，贯穿了整个电影的历史。正如阿龙所言：

> 在电影的发展过程中，男同性恋者含蓄的酷儿特征或者某个角色潜在的女同性恋倾向，既与他们杀人的动机同时存在，也与叙事结局可以预知的形式相伴而生：所有的人都会被杀死，要么被他们自己，要么被别人，或者被意外的事故。[2]

47

1　Atkinson, "Michael Winterbotton: Cinema as Heart Attack",46.

2　Aaron, "Til Death us Do Part", 72.

在讨论《蝴蝶之吻》以及一系列关于女同性恋者杀人的电影
时——彼得·杰克逊（Peter Jackson）的《罪孽天使》（*Heavenly
Creatures*），拉法尔·泽林斯基（Rafal Zelinsky）的《乐趣》
（*Fun*），南希·梅克勒（Nancy Meckler）的《激情姐妹花》
（*Sister My Sister*），都是1994年拍摄的——阿龙认为这些电影的
基础是模棱两可、摇摆不定的。它们重复女同性恋者之间的性爱
很危险这种陈词滥调，但它们采取的方式，与其说是具体化的，
不如说是自我破坏的，仅仅设计了一些只有女人存在的关于思
考、暴力、身份认同和激情互动的空间，比如，《蝴蝶之吻》中
尤妮斯和米丽娅姆，就是互为镜像的一对儿。[1]的确可以这么认
为，《蝴蝶之吻》尤其注意仇视同性恋的、厌女症的各种文化陋
习。米丽娅姆和尤妮斯有一段激情戏，发生在米丽娅姆的母亲的
床上，尤妮斯咬了米丽娅姆的脖子，隐隐约约地触及了典型的吸
血鬼女同性恋者的电影形象。但在这里，轻轻咬过之后，米丽娅
姆和尤妮斯都笑了起来。当然，在其他时候，尤妮斯的确极端严
肃，但显然不是传统的表现方式引导我们期待的那种。在这里，
吸血鬼女同性恋咬脖子这种套路，太过拘泥于表面，并且本身也
是一种游戏。尤妮斯所体现的危险被转移到别处了——不是针对
被她"腐化"的猎物，而是针对这个世界；不是作为仇视同性恋
的漫画，而是作为真正的破坏力，扰乱并且摧毁她所追随的话语
和身体。

　　同样，我们也可以看看这一场戏。米丽娅姆怀疑尤妮斯杀死
了一个小女孩。实际上，那个小女孩正在汽车后面睡觉，到某个
时候，她会醒过来宣示自己的存在，给米丽娅姆一个惊喜。尤妮

1　Aaron, "Til Death us Do Part", 74-6.

斯的确是一个女杀手，但在每一个转折点上，影片都不允许米丽娅姆或者观众预判到尤妮斯的行动或者行动背后的意义。她无法摆脱"女杀手"这个标签，也无意为自己洗白。由于传统的仇视同性恋的表现方式经常利用杀手的话语来暗示变态的性向，所以同性恋的表现拒绝把杀手作为角色的身份的本质。

基于此，《蝴蝶之吻》的结局，摆出了两种姿态：一方面，服从传统文化，用死亡来惩戒女同性恋以及其他离经叛道的女人；另一方面，修正了对传统文化的态度。尤妮斯被杀死了，只不过是作为自我期许、自我安排的祭献与牺牲。她意识清楚，并且明确告诉米丽娅姆，在什么时候用什么方式来杀死她，以便缓解她渴望惩罚的性欲望。尤妮斯为什么要死？在一定程度上，这正是影片中叛逆的女人们要做的。在某种层面上，尤妮斯是被传统文化指责的女同性恋的牺牲品：堕落、腐化、刚愎、极端、疯狂。然而，从克制的电影语境来看，这个结局在政治上并非累赘或者反动。人们可能认为，让米丽娅姆和尤妮斯活下去，可能会否定历史表现的威力，或者忽视"陈规陋习"的实际分量。然而，她为什么要按照她自己的方式，死在自己爱人的手里呢？是为了证明同一种话语的弹性，改变和适应被普遍接受的传统的可能性，也是为了让我们关注那些传统，让我们回忆曾经在银幕上看过的很多缺乏自我反思的女同性恋者的死亡。

此外，尤妮斯之死，具有表扬和违背的双重功能。首先，它凸显了本片中的女同性恋角色的惩罚；其次，它让人们想起了犯罪式公路片中反英雄角色的惩罚。对于反英雄角色而言，法律只体现在影片快要结束的时候，警察试图让这些为非作歹的人接受正义的审判。重要的是，在《蝴蝶之吻》中，惩罚机制是通过尤妮斯自己来体现的。在尤妮斯的表现中，这种自我管束（self-policing）曾经是她一以贯之的特点。通过她戴在身上的链子，可以同时看到苦行般的惩罚以及性受虐狂的快感的根源。尤妮斯象征性地体现了女同性恋的自我厌恶，证明对同性恋的厌恶之情普遍地内化在电影之中。对于这种影响，她先彻底地内化于心，然后再外化于身，公之于众，接受质疑。在每一个转折点上，影片都坚持质疑"肯定性/否定性表现"这个概念的有效性。《蝴蝶之吻》及其困难、痛苦而又极端暴力的内容，以及它对类型期待和陈规惯习的困扰，相互交织，质疑了"肯定性/否定性表现"的概念，挑战了观众认同快感的对立性。正如安内克·斯梅利克（Aneke Smelik）所言，"酷儿电影中的问题，并不仅仅是要剔除各种陈规惯习（它们是极具弹性的），也不是如何利用肯定性的画面来取而代之（它们对异性恋的律令毫发无损），而是要追求复杂性和多样性"。[1]正是对肯定性表现的追求，面临着忽视恐同症的历史以及厌女症的迷思的风险：也许，这正是《蝴蝶之吻》如此猛烈地阻挠这种追求的原因吧。

　　这种非常复杂的关于行动（mobility）及其局限性的电影，通过性欲、阶级和心理健康等三重焦点来呈现，揭示行动话语的再生力和破坏性，而没有想当然地认为行动会直接带来自由和救赎。关于自由的神话，对于公路电影如此重要，在塞尔玛和露易丝的冒险之旅中被歌颂为不可能、不确定的生死结局，在《蝴蝶之吻》中，也按照同样的方式，处理为残忍的女同性恋者的神话。它的文化反响得到了承认和证明，而不是依样画葫芦地重复。它被破坏和改造，被用来显示传统叙事中不偏不倚的意识形

1　Smelik, "Art Cinema and murderous Lesbians", 72.

态的功能。对电影批评而言，更具生产力的行为，而非分析肯定性表现的计划，可能就在于展现个人和社会结构的表现如何服从或者挑战类型形式的工作中。这样一来，就是要表明，在画面中制造意义的历史，如何支撑内在的规范以及可以被另类表现质疑49的例外情况。

3

南半球回望：伦理，种族，后殖民主义

前面的章节表明，只考虑纪录片中的题材或者虚构电影中 50
的情节和人物塑造，可能会曲解它们衍生的伦理问题。第2章分
析了"肯定性表现"概念的伦理含义，并且揭示了进步的意图
可能受到影片风格、类型定位和意识形态背景的支持或者连累的
方式。本章从性别化的、持不同意见的性别认同的表现转而探索
文化认同和新殖民主义力量，采取的是一种平行的批评议程，研
究性欲、性别、种族和族群研究以及其他差异在电影中的相互滋
养。在电影研究领域，身份问题往往被概括成一个政治术语；研
究的焦点在于电影是如何保持或者挑战统治阶级与被压迫阶级或
者边缘区域之间在资源和权力分配方面的不公。本章探讨了一些
奠定这些政治思考的伦理前提。我对两部电影的分析，站在不同
的角度分析后殖民主义的不公与责任。我考察了身份认同的电影
机制和电影规范（比如视点）在对自我与他者之间的控制与支配 51
关系进行合理化或者揭露时发挥的作用。我认为，通过影片与主
流的电影叙事、风格和题材传统进行协商的方式，或者，通过道
德议程从伦理角度与相异性竞争，是同样重要的。道德议程推动
影片重复或者抵制殖民主义失败的暴力。

理论视角：伦理与政治

起初，借用1970年代以来的女性主义、男/女同性恋的批评方法，对电影中的种族和族群进行研究，重点在于西方电影对非白人角色的刻板印象。对于这种风习，最典型的代表当属理查德·梅纳德（Richard Maynard）编纂的文集《电影里的非洲人：神话与现实》（*African on Film:Myth and Reality*，1974），这本书探讨了好莱坞对于非洲历史、文化和族群不无危害的曲解。这种计划追求解神话化的（demythologizing）或者纠正性的（corrective）的议程，而这种议程同时具有伦理和政治的维度。电影中的文化观念、典型的种族形象涉及价值判断。类似于梅纳德所做的那种研究表明，典型的种族形象被嵌入了各种话语，而这些话语显然是道德的，并且具有道德化的动机。这种典型形象，可能带有明显的贬义色彩（比如暴力的印第安人或者拥有贪婪性欲的非裔美国人），也可能呈现一些属性，被某种文化认为是"正面的"，而被其他文化认为是"负面的"（例如忠诚、顺从、耐心的非洲仆人）。但无论哪种方式，它们都暗含着对由个人所体现的种族或族群的道德特征的评价。这种评价常常回顾性地为某些种族主义和殖民迫害的历史进行辩护。某些种族的或者族群的典型，尤其是性别化的形象，在意识形态宣传中发挥了矫正性的作用，最著名的例子当属《一个国家的诞生》（*The Birth of a Nation*, D.W.Griff ith, 1915）。影片将美国黑人古斯（Gus）刻画成一个杀人犯、一个试图强奸白人妇女而未遂的恶棍，就是为了支持白人道德优越性的神话。

根据本书的后结构主义伦理框架，典型概念所固有的曲解，源于它将他者简化成了一种单向度的固定形象，而这种形象是靠一种本质主义的身份概念来支撑的。

1980年代，受女权主义电影理论和后殖民主义研究的影响，电影理论家开始质疑围绕"正面形象"展开纠正性的典型分析和讨论所依据的前提条件。在《殖民主义、种族主义与表现》（Colonialism, Racism and Representation, 1983）一文中，斯塔姆（Stam）和斯彭斯（Spence）指出，这些研究采取还原的方法，将电影理解为对政治现实几近透明的反映，并且划分为几种限定的类型，成为他们攻击的某种本质主义的目标。[1]这些合作者呼吁关注"现实"（reality）和"表现"（representation）之间的"斡旋"（mediation），关注"叙事结构、类型传统和电影风格，而非……正确完美的表现"。[2]虽然斯塔姆和斯彭斯明显是从政治的角度来考量他们的对象，但我认为他们的主张也可用于伦理批评。尽管他们并没有直接提及伦理学，但是其他条件表明，他们的政治概念是植根于伦理原则的。例如，电影观众与电影主角之间的关系，可以根据"尊重"、"同情"、"理解"以及其他与道德和伦理哲学相关的概念来理解，它们都与个人和集体的互动相关。[3]正如我们所见，依据斯塔姆和斯彭斯提出的线索来分析电影的准则和观众的定位，可以揭示隐藏在单部电影的伦理逻辑中的矛盾。

52

---

1 Stam and Spence, "Colonialism, racism and Representation", 884.

2 Stam and Spence, "Colonialism, racism and Representation", 884.关于典型形象分析的问题，更广泛深入的探讨，参见 Stam and Shohat, "Stereotype, Realism and the Struggle over Representation".

3 Stam and Spence, "Colonialism, racism and Representation", 889.

由斯塔姆和斯彭斯概括的政治计划，包含着没有阐明的伦理含义，引起了更加棘手的大问题，即在后殖民主义中，政治和伦理如何扯上关系？虽然欧洲大陆的伦理哲学（以及马克思主义政治学），尤其是列维纳斯的著作，对后殖民主义思想产生了最重要的影响，但是该领域的很多研究绝口不提它们深层的伦理前提。[1] 这就是说，在讨论殖民和新殖民暴力对自我与他者的关系（self-other）产生的影响时，很多重要的理论家都明确采用了伦理的话语。德里达关于"好客"（hospitality）与"调和"（reconciliation）的研究，佳亚特丽·斯皮瓦克（Gayatri Spivak）对庶民（subaltern）的责任以及独特性的讨论，夸梅·安东尼·阿皮亚（Kwame Anthony Appiah）对世界主义和身份的分析，都证明后殖民主义思潮在伦理和政治交叉地带的多样性。[2] 后殖民主义理论家所面临的左右为难的困境之一，就是在不依赖植根于人性的本质主义概念的普遍原则的情况下，如何才能构想出一套条理分明的伦理学。建立一种伦理制度，既避免了种族中心主义，又尊重不同文化的价值体系，同时还奠定参与、介入与抵制的合法基础，这种想法可行吗？[3]

从后殖民主义伦理学的视角来看，"正面形象"和"负面形象"的概念固然是有问题的，因为它们建立在某种民族中心主义的假设之上，即认为所有文化都根据同一种普遍标准来评判好与坏。正如上文指出的，被一个族群认定为"正面的"某种特点

---

1 参见Hiddleston, *Understanding Postcolonialism*关于列维纳斯伦理学对后殖民哲学的影响，以及伦理和政治之间区别的脆弱性的讨论。

2 参见Derrida, *Of Hospitality* and *On Cosmopolitanism and Forgiveness*; Spivak, critical introduction to Devi, *Imaginary Maps*; Appiah, *The Ethics of Identity* and *Cosmopolitanism: Ethics in a World of Strangers*.

3 关于后现代主题的讨论，参见De, "Decolonizing Universality".

或者习惯，在另一个族群眼里，很可能是"负面的"。在不考虑特定文化和意识形态背景的情况下，这些说法掩盖了不同价值体系和道德体系之间的差别。此外，为了替历史上受压迫的种族、族群或者文化群体追求积极的形象，可能会否认或者偏离那段被压迫的历史以及电影在其中发挥的作用。因此，我们所需要的，乃是这样的表现，它们可以思辨地质疑那些批评理论的遗产和形态，考虑到文化语境和观察角度，而没有强加西方的价值判断。为了把这种探索作为伦理的质询（interrogation）而非直接的陈述（exposition），接下来的工作将转向两部电影，它们通过不同的方式回应了好莱坞和欧洲电影对非洲贻害颇深的错误表现。由分别来自巴西和毛里塔尼亚的导演创作的这两部电影，处理了一系列伦理问题，具体而言，就是西方机构在全球化和新自由资本主义时代对非洲国家的责任和义务问题。我的分析要考虑影片将自身置于占主导地位的西方电影的修辞与规范的关系之中的方式，以便确定为什么其中一部的电影策略要比另一部的策略更有助于非种族中心主义的关于正义和责任的思考。

53

白人的视角：《不朽的园丁》

最近的国际电影，形成了一种向非洲之外的人讲述非洲故事的潮流。在一次关于这种潮流的讨论中，第一部电影被认为是戴夫·卡尔霍恩（Dave Calhoun）戏称的"白人良心电影"（white conscience film）的亚类型。尽管这种"命名"暗含某种道德承诺，仿佛要弥补历史的罪过、纠正过去的错误，但卡尔霍恩还是批评了这种类型对非洲历史和政治的表现过于肤浅。[1]如果从西方电影在非洲大陆的历史语境来考察，这种类型在历史和政治方面的缺陷便暴露无余。欧洲和北美在殖民时代摄制的新闻片、纪录片和虚构电影，经常剔除非洲国家在地理和文化上的特殊性，而非洲人民的力量、话语和观点则经常被剥夺，或者直接被漠视。[2]在殖民统治结束后的余波中，殖民神话、轶事和典型又被改头换面、重新叙述。梅丽莎·萨科维（Melissa Thackway）指出，如今的非洲经常被表现成"充满饥荒、贫困、疾病和战争的地方"，换句话说，就是"经济发达而安全的西方"眼里的"他者"。[3]卡尔霍恩提到的近期的大部分电影，包括《卢旺达大饭店》（*Hotel Rwanda*,Terry George, 2004）、《杀戮禁区》（*Shooting Dogs*, Michael Caton-Jones,2005）、《血钻》（*Bloody Diamond*, Edward Zwick, 2006）、《揭竿而起》（*Catch a Fire*, Phillip Noyce, 2006）、《末代独裁》（*The Last King of Scotland*, Kevin MacDonald, 2006），使它们自身严重偏离了不轻信的传统，有意或无意地掺入了其他东西。例如，《血钻》这部电影，通过表现1990年代蹂躏整个塞拉利昂的文明之战的具体事实，包括奴隶、童子军，以及其他因为冲突而流离失所之人的苦境，颇为用心地将非洲形象呈现为某种统一的领域，但是依然坚持把战乱的非洲

1　Calhoun, "White Guides, Black Pain", 32.

2　关于殖民当局拍摄的纪录片和新闻片之传统的概述，参见 Thackway, *Africa Shoots Back*, 31-2.

3　Thackway, *Africa Shoots Back*, 36.萨科维引用 Raymond Depardon的纪录片*Afriques, comment ça va avec la douleur?* (1996) 作为这种表现/再现潮流的例子。

大陆用作白人冒险的背景。影片有两个主要人物，其中一个叫所罗门·范迪（Solomon Vandy）。虽然他是一个塞利拉昂村民，并且在南非白人反英雄角色丹尼·阿切尔（Danny Archer）死后活下来了，但是影片对他们关注程度并不均等。最后一场戏令人印象深刻，因为它在压制范迪的同时又掩饰了其中的手段。范迪作为证人出席了一个有关南非钻石贸易冲突的会议，会议主席称他为"第三世界的声音"并督促我们聆听这样的声音。白人听众为此热烈地鼓掌，然而在范迪有机会讲述他的故事之前，影片结束的字幕就出现了。《血钻》结尾发出的谴责，一方面虚伪地让塞拉利昂证人闭嘴，另一方面通过搁置他的（没有听见的）证词来消解白人的罪孽，由此颠覆了它表面上看起来支持的补偿逻辑。

54

在卡尔霍恩讨论的影片中，有一部因为其导演和摄影师的国籍不同而独具一格。2005年根据英国作家约翰·勒卡雷（John le Carré，本名David John Moore Conwell）的小说《不朽的园丁》（*The Constant Gardener*，2001）改编的同名电影，由巴西导演费尔南多·梅里尔斯（Fernando Meirelles）、乌拉圭摄影师塞萨尔·查尔洛内（César Charlone）、英国编剧和英国制片人共同完成。勒卡雷曾经说过，梅里尔斯将"第三世界的眼睛"带进了电影之中，暗示导演的来历为拍摄工作赋予了合法性和可靠性，尽管"第三世界"这个常用的批评术语所暗含的与"第一"和"第二"世界之间的等级关系削弱了这种推论。[1]通过梅里尔斯和查尔洛内在影片中的合作建立起来的拉丁美洲和非洲之间的联系，或许更适合用来思考围绕"第三世界电影"展开的讨论。这个术语

1　"John le Carré: From Page to the Screen"，该访谈包括环球公司发行的DVD《不朽的园丁》（2006）。对"第三世界"一词的批评，以及关于替代术语的讨论，参见Young, *Postcolonialism*, 4-5.

是由阿根廷导演费尔南多·索拉纳斯（Fernando Solanas）和奥克塔维奥·赫迪诺（Octavio Getino）在1960年代早期创造的，被用来命名所有致力于改造主流商业电影和艺术电影的社会条件和规范的电影理论与实践。[1]《不朽的园丁》是如何与这些传统协商的？这里面的伦理含义是什么？

从情节层面来说，影片通过揭露殖民主义的遗产及其重塑自身的能力，试图纠正过去以及现在的电影对非洲历史的歪曲。它调查了跨国制药公司在非洲大陆进行的不太光明磊落的活动，以及人道主义援助与资本主义牟利之间模糊的界线。影片虚构的公司KDH正在利用受疾病和贫穷困扰的肯尼亚人测试一种新型的肺结核药物，而肯尼亚人对可能产生的副作用甚至致命的结果毫不知情。一张一闪而过的印有"铭记博帕尔"（Bhopal mahnt）的德语海报将KDH的活动置于在发展中国家实行药剂和军事测试的历史之中。然而，尽管影片看似在批判西方对发展中国家不负责任的剥削，但它讲故事的方式削弱了它对伦理议题的探究，并且很少改变已有的西方电影习惯。影片将英国公民泰莎（Tessa Quayle）之死作为叙事的焦点，她正在调查药剂测试，却不幸被人杀害了。而无数肯尼亚人的死亡则被还原为故事的催化剂。影片从泰莎的丈夫贾斯汀（Justin）的视角展开。贾斯汀是一名英国外交官，一直在调查杀死妻子的凶手。影片通过其叙述结构——信息基本上是由贾斯汀发现并透露给观众的——以及那些打破了时空结构的描述贾斯汀与泰莎亲密时刻的碎片式回忆来表达隐喻的观点。当贾斯汀从妻子的电脑文件中发现了一个自己从熟睡中醒来的录像时，他与摄像机的联系呈现出一种肉体关系的含义；

1　对"第三世界电影"的深入讨论，参见Wayne, *Political Film.*

接下来的镜头不仅展现了他的反应，同时通过散焦对这种反映进行了模仿，镜头仿佛他的眼睛一般包含着泪水。

优先采用贾斯汀的视点，在伦理上会衍生什么样的结果呢？通过他的感知来介入非洲经历，这种"习以为常"的做法重申了欧洲的自我主导权，同时将他者还原为一系列短暂、模糊、去历史化的投影。影片中的许多场景都是在肯尼亚和苏丹拍摄的，并且因为对内罗毕基贝拉贫民窟生存环境的写照而广受褒扬。然而，尽管当地人常常作为临时演员出现在镜头中，但他们很少说话，更别说与欧洲的主角直接交流了，这与殖民时代电影中的情形没有什么差别。少数几场戏打破了这些惯例，显示出一种想要摆脱白人视角限制的欲望——我们可以看到基贝拉居民骑车去上班以及当地人在内罗毕餐馆厨房工作的场景——但这些都很简短、支离破碎并且很难发展或整合到故事中去。[1]影片中最为丰满的黑人角色，是一个名叫阿诺德·布鲁姆（Arnold Bluhm）的比利时籍刚果裔医生，他经常被人谈起，却很少有机会为自己说话。阿诺德与泰莎之间的友谊使得贾斯汀起了疑心，异常暴力的结局以及为阿诺德"保留"的性虐待嫌疑，也暗示白人对于黑人男性的刻板印象，尽管故事小心翼翼地澄清了这些。[2]影片诱人的视觉风格勾引我们疏远非洲的经验。让人想起梅里尔斯和查尔洛内在2002年的电影《上帝之城》（City of God）使用的技巧，重点关注里约热内卢一个贫民区的生活，将高速运动的手持摄影与频

---

1 重要的是，在被删剪场景中出现了延长骑车镜头，被收录在环球公司DVD影片的花絮中。只有部分的片断最后被剪掉。

2 Todd McGowan认为该片"表现白人对黑人性能力的恐惧……只是为了揭示这种恐惧站不住脚，并且证明真正的危险在于资本家的权力和英国政府，他们都是十足的白人"（"The Temporality of the Real, 58"）。

繁的特写、快速剪辑结合在一起，创造了一种兼具即时性和真实性的效果，但是它却阻止我们对表面印象背后的事实进行深究。接着，摄像机拍摄泰莎和阿诺德在基贝拉的场景，并且挑选出了大量的视觉细节：一个躺在母亲围巾里睁大眼睛的婴儿；一个打开的下水道；一只鸡在啄食浮油。然而接连不断的镜头运动和令人窒息的剪辑却阻止我们瞥见更大的历史、社会政治图景（随便举个例子，我们短暂地看见巷子里摆着一排排鞋子，但我们看不到鞋子背后的故事）。

有一个场景看起来想要扭转这种趋势。我们最先瞥见的基贝拉，是《胡鲁马》（Huruma）中的一个片段。《胡鲁马》是一场演出（戏剧），旨在呼吁对艾滋病患者宽容和忍耐，正在由肯尼亚演员为当地社区表演，并且，他们是和真正的慈善机构SAFE一起工作的。这场演出扎根于肯尼亚的戏剧传统，演员站成一排，像唱诗班那样表演，每个角色都由三个演员饰演，走位、说话和逗乐同步进行。按照"正面形象"的传统来读解影片，或许会称赞这种场景，认为它是在矫正西方电影反复抹煞非洲特定文化身份和实践的行为。然而，这种解读可能会忽视影片的剪辑技巧和视点选择所衍生的伦理后果。影片只保留了几个很短的戏剧片段，然后镜头就反复地切回到观众中的泰莎，她接受了一个当地小孩送给她的礼物，把我们的注意力从戏剧表演中转移出来。[1]在这里，乃至整个影片中，非洲文化和历史被还原成可以轻松消化的面包块，并且通过白人的眼睛来调解。

《不朽的园丁》尽量避免让西方的惊悚片和爱情片传统陷入严重的伦理问题，而且它本身就属于这些类型。关注拍摄地的

1　在该片DVD版的花絮中，这场戏是完整呈现的。

特殊性，证明影片意识到将非洲当作一种均质性的背景乃是一种消灭他者的做法。尽管如此，肯尼亚和苏丹最终还是沦为各种吸引眼球的背景，以便展开跨国公司的阴谋与英伦爱情相互交织的故事，造成另一部延续冒险传统的影片，就像当年的《非洲女王号》（*The African Queen*, John Huston, 1951）一样。一方面，影片遵守了这些不同的类型规范，另一方面，它又明确地批评西方的神话学，于是造成了某种冲突。尽管采取了非线性的叙事，影片的情节依然按照传统的惊悚片模式展开：随着贾斯汀跟踪线索、收集证据，在他曝光KDH公司的罪行时达到高潮，整个行动让他付出了生命的代价。影片虽然在表面上伸张了正义（泰莎的死仇得报），白人的罪行遭到揭露与惩罚，并且重新建立了道德秩序，但是巧妙地回避了更复杂、更模糊的跨国权力勾结。除此之外，"正义的代表是英国"这一"事实"，进一步重申和巩固了欧洲优越性的神话。影片从未设想过直接受药品影响的肯尼亚人采取个人或者集体行动的可能性，完全剥夺了他们自我决定的机会。《不朽的园丁》提升了关于全球资本主义在非西方世界造成人类代价的意识，但是它开历史倒车的叙事逻辑，把我们引诱进了"只有白人可以拯救非洲"这种殖民主义假设的圈套。尽管欧洲优先的观点并没有明显指向对苏丹和肯尼亚人的种族歧视，但它再次强调了欧洲的道德话语权。影片对于西方电影主流视角和类型传统的坚持，泄露了它貌似真诚的伦理承诺：伸张正义和恢复公平，仅仅是为了白人的良心得到宽慰。

反打镜头：《芭玛戈》

在与类似《芭玛戈》（*Bamako*, 2006）这样的电影进行比较时，《不朽的园丁》中的内在伦理矛盾就会得到更清晰的呈现。尽管它的导演阿德拉曼·希萨柯（Abderrahmane Sissako）出生于毛里塔尼亚并且在马里长大，但《芭玛戈》只不过是又一个为非洲以外的主流观众讲述的非洲故事（至少在当时是这样的）。正如希萨柯的解释，马里的电影发行与放映被国外金融机构强加给政府的各种措施破坏了。[1]《芭玛戈》的伦理-政治议题与《不朽的园丁》对全球资本主义的批判相类似。影片开始于马里首都的一场模拟审判，由非洲社会（原告）指控国际金融机构（被告）通过类似于结构调整计划这样的掠夺性政策使得非洲长期处于不发达的境地。因此两部电影都试图确定对非洲犯下的罪行应当承担责任。但是，在《不朽的园丁》中，罪行是被欧洲的活动家暴露在阳光下，而在《芭玛戈》中是非洲人民自己肩负起了调查的责任。片中律师和证人的扮演者都不是专业演员，而是由自己扮演自己，希萨柯赋予了他们自己组织言辞的自由。把两部电影与某种伦理视角区别开来的，与其说是它们的题材内容，不如说是它们在对待非洲与西方尤其是西方媒体的关系时采取的视点。在1995年的一次采访中，希萨柯将殖民主义与西方强加给非洲的自身形象进行对比，对后者的评价是"我们再次遭到侵略。这是另

1　希萨柯（Sissako）解释说："在1990年，大金融机构禁止政府资助文化，并且强迫国家出售剧院。之前，马里有40家电影院，但是现在只剩下3家了。"（"Finding Our Own Voices", 31）

一种形式的文化渗透"。[1]在希萨柯看来，非洲电影有能力推翻和打破通常所谓的"殖民凝视"（colonial gaze）："三千年来，白人都拥有一种特权，可以自由地看见别人，而不被别人看见。今天，非洲人正在拍摄电影，他们也可以把自己的眼光投射到非洲大陆以外的任何地方"。[2]与《不朽的园丁》相比，《芭玛戈》更加一致地质询和挑战了在西方电影中反复出现的关于非洲的简单形象及其背后潜藏的道德神话与意识形态。

影片间接提到但同时取消了西方主流电影采用的线性叙事结构和情节规范。在结构上受非洲口头文学传统的影响，希萨柯的叙事是片段式的、多层次的。[3]一系列副线叙事与法庭审判平行展开；发展最为完善的副线故事是夜店歌手梅乐（Melé）与她失业的丈夫查卡（Chaka）之间越来越深的隔阂。表面上，这对夫妻的故事与审判之间的关系，只是物理距离上的接近（两个故事发生在相邻的两个院子）。影片避免将完全不同的叙事线索通过人为的交叉编织在一起。其他影片，例如《通天塔》（*Babel*, Alejandro González Iñárritu,2006），曾用这种方法探讨全球关系。希萨柯拒绝在平行的情节线之间建立明确的联系，使得观众只能自己思考其中的关联。根据经典的电影传统，实际上完全无关的事件最后都被呈现为具有因果关系的链条。《不朽的园丁》遵守这种成规，《芭玛戈》打破了这个传统，创造了不再服从任何直接因果逻辑的呼应关系。辅助情节以及其他插入的片断，都具有不同的功能，比如，支持在审判

1　Sissako, "Interview: Abderrahmane Sissako",199.

2　Sissako, "Interview: Abderrahmane Sissako",200.

3　关于口头文学在结构、风格和主题等方面对法语语系非洲电影的影响的讨论，参见 Thackway, *Africa Shoots Back*, 59-92.

中听到的证词（影片重现玛多·基塔扮演的角色冒险前往欧洲
的旅程，揭露了西方反移民政策造成的人类代价，就起到这样
的作用）；对审判中的证词提出质疑（正如代表国际金融机构
的法国律师遭到一只羊攻击的时候）；或是描述经济现实的其
他方面，这是审判中的重点（梅乐和查卡的故事表明，残酷的
国际金融政策正在影响着人与人之间的关系）。[1]嵌入的片断使
得希萨柯能够尝试截然不同的叙事模式，的确，它们类似于希
萨柯以前拍摄的其他电影片段而不是《芭玛戈》。它们造成了
一种省略的，令人迷惘的时间、空间和视点转换，违反了西方
的叙事规则，追求一种新的意义生成模式。

　　影片非线性的、分散的形式，同样促进了类型规范的瓦
解。《芭玛戈》虽然不像《不朽的园丁》那样，是一部"类型
片"，但它也不无戏仿地借鉴了几个北美的类型传统，同时向拉
美政治化的类型糅合的探索者致敬。一天晚上，一群马里青年
和孩子们凑在电视机前观看一部名为《廷巴克图之死》（*Death
in Timbuktu*）的西部片。表面上，影片中这个时长五分钟的电
影片断接受了这种类型的视听诱惑，但实际上通过背景、演员
和情节颠覆了它的图像体系和意识形态。在《廷巴克图之死》
中，被殖民的领土不是西部荒野而是非洲，牛仔的扮演者来自世
界各地，包括非裔美国演员丹尼·格洛佛（Danny Glover，他也
是《芭玛戈》的执行制片人），巴勒斯坦导演埃利亚·苏莱曼
（Elia Suleiman），刚果导演泽卡·拉普莱纳（Zeka Laplaine），
法国导演让-亨利·罗格（Jean-Henri Roger）以及希萨柯本人。

1　希萨柯（Sissako）认为，这些剪切掉的镜头也从紧张的审讯中营造某种暂时的缓
　　和，让观众摆脱院子对身体的禁锢，并且通过描写街头对此事的一系列反应，发挥
　　了关联性的作用（"La Conscience que l'Afrique n'est pas dupe", 20）。

他们（牛仔）不分青红皂白地射杀非洲村民，引得死死盯着电视屏幕的马里观众发出咯咯的笑声，这是在含蓄地批评新媒介形式对非洲的观念和知觉（African perceptions）进行希萨柯所谓的"文化渗透"造成的不良影响。迈克尔·希钦斯基（Michael Sicinski）指出，《廷巴克图之死》"让人想起了格劳贝尔·罗沙（Glauber Rocha）的巴西西部片，把类型片的框架用来表现激进的内容。"[1]在"第三世界电影"传统中，类型规范从内到外遭到了颠覆。《芭玛戈》在向"第三世界电影"致敬的同时，从风格和叙事结构上远离了这种传统。在稍后的场景中，查卡射杀了自己，《廷巴克图之死》骇人的主题曲再次响起，对类型的借鉴让他的个人悲剧染上了政治色彩，进一步强化了这种既致敬又疏远的矛盾。正义是西部片的传统偏好之一，也是希萨柯通过戏仿毫无意义的暴力来表达的一种主题。为了在审判过程中间接地表达这个主题，类型不啻是一种合适的媒介。《廷巴克图之死》打破了类型的肤色规范，由黑人演员扮演牛仔，打乱了白人与非白人土著群体之间的种族对立，而传统的西部片恰恰是围绕这种对立来建构的。《廷巴克图之死》由此作出了一个有关伦理责任的说明，把在模拟法庭中听到的对西方经济政策的指控置于当时的背景中来理解，由此可以推断，对于非洲的未来，责任并非只在外来者身上。

表面上，审判的场景本身与法庭戏（courtroom drama）这种类型具有题材上的相似性，然而，相关的准则再次被改造了。它回避了正规的法庭环境，代之以希萨柯儿时家里的庭院。在这里，日常生活与工作和法庭听证同时进行、从未间断：蹒跚学步

---

1 Sicinski, "A Fragmented Epistemology",17.

的孩子穿着吱吱作响的鞋子走来走去；女人在染织物；男人们一边闲聊一边听诉讼；一个庭审会成员在给孩子喂奶。希萨柯创造性地利用空间和场景的深度，模糊了法庭审判和日常现实的界线，将法律程序家庭化、民主化，消除了神秘感。法庭戏经常通过律师的视点来表现诉讼，但是《芭玛戈》没有突出任何单独的观点，证人和法律团队拥有相等的屏幕时间。影片悠闲的节奏、静观的风格以及大量表现人们静静聆听或等待的镜头，打破了类型的透视原则和认同习惯，消解了它通常会精心酝酿的戏剧张力。《芭玛戈》没有通过一个律师揭露一切的方式来营造充满悬念的戏剧性高潮，只是证明了法庭辩论过程本身的合法性以及由证人披露的真相。在《血钻》的结尾，明明邀请范迪代表第三世界发言，却不让观众听见他说了什么。就此而言，《芭玛戈》无疑是在纠正这种言不由衷的压制。希萨柯在拍摄法庭戏时，坚持所有的参与者一律平等，重申法律是人民的工具，同时质疑西方的法律制度，从而打破了法庭戏中的权力等级。

听证本身挑战了当时盛行的固定形式，同时彻底地质疑了"正面表现"这个概念。西方关于非洲形象的集合，就是充斥着他者、危险和卑鄙的地方。现在，法院听证会的存在，证明那种僵化的印象是偏颇的、简化的；同样，西方认为非洲人是被动的、沉默的、困惑的受害者，非洲的身份是同质的、一成不变的，这些成见也与法庭上所有参与者的表现相抵触。很明显，非洲律师和法国律师在团队内协作，男人和女人在诉讼中发挥同等重要的作用。证人团队代表了马里（影片暗指非洲撒哈拉沙漠以南地区）的一个截面；他们包括一个农民（Zegué Bamba）、一个作家（Aminata Dramane Traoré）、一个失败的难民（Madou

Keita）、一个教授（Georges Keita）以及一个退休教师（Samba Diakité）。就形式和内容而言，他们的证词各不相同。例如，特劳雷（Traoré）针对乔治·W.布什、八国集团以及全球化造成的破坏文明、剥夺人性的后果发表了博学多识而又慷慨激昂的辩论，而迪亚基特（Diakité）仅仅只是在证明自己的名字、籍贯、出生日期和职业，让观众自己去揣测他的沉默。最引人注意的证词是班巴（Bamba）用塞努福语（Senoufo）即兴创作的一首歌曲，它不像班巴拉语和法语那样（人人都懂），所以需要翻译。更重要的是，证人们对世界银行、国际货币基金、世贸组织以及八国集团的控诉，不时被暗指非洲的连带责任所打断，呼应了《廷巴克图之死》中的逻辑。例如，乔治·基塔（Keita）谴责马里行政机关普遍的腐败，同时承认自己因职业原因卷入其中。在其中一场戏中，还发现了由于非洲人的冷漠和绝望而形成的障碍，比如，查卡拒绝重复自己对结构调整计划因为"没人愿听"而对社会造成破坏性影响的评论。

在每一个地方，《芭玛戈》呈现的高度个人化的证词，以及它们对责任微妙的分配，都扰乱了积极主动、无所不知、无所不能的西方自我和消极被动、上当受骗、懦弱无能的非洲他者之间精致的二元对立。如果影片取缔了曾经主导西方媒体关于非洲话语的暗哑恳求的图像，那么它也同时揭露了"正面"想像的伦理谬误。《芭玛戈》以及其中的电影片断表明，一幅完全肯定非洲社会的图景，可能会粉饰文化的特殊性和差异性、过去和现在的征服，以及不间断的责任。除此之外，审讯过程不可预知地展开，加强了种族中心主义标准的意识。"正面"和"负面"的属性和实践都是根据这个标准来判断的。例如，迪亚基特的沉默和班巴的歌曲混淆了西方关于什么是"好"证词的概念。这两种表现都让我们看到了西方司法机构和公正理想的局限。尽管在评估它所挑战的真实前景时很现实主义，但它的乌托邦理想不容置疑。《芭玛戈》曾经被认为是迂腐的。在影片中，法官曾经预料过这种指控，他曾经问律师是否觉得审判可能是偏袒的。[1]不过，我试图证明，影片正是间接地通过解构性地挑战西方电影传统，同时，直接地通过证人和律师的演讲，建构了自己的伦理视野。希萨柯决定不给班巴的歌曲添加字幕，意味着要改造殖民时代的电影隐含的一种种族主义习惯。殖民时代的电影经常有意识地拒绝提供非洲语言的翻译，认为这种机制会破坏欧洲中心主义的阅读习惯。对于那些不懂塞努福语的观众（也包括了影片中的大部分听众）来说，这首歌曲抑制了我们的探究欲望，代之以某种纯粹的形式体验，一种极其糟糕的相异性遭遇，把我们从认识论的领域迁移到伦理和美学的范畴。

结　语

　　本章试图证明，两部电影在表面上如何处理关于后殖民罪责和全球资本主义兼具的问题，实质上为被殖民主义破坏的伦理冲突打开了不可调和的视角。我对《不朽的园丁》和《芭玛戈》进行比较分析，言下之意并非认为非洲电影提供的关于地方特性和

1　参见Ukadike, "Calling to Account", 39.

全球现实的视点天生就比来自世界上其他地方的电影是"更加伦理的"；这样会暗示一种关于文化身份和产品的本质主义观念，以及某种固化的伦理模式。相反，我之前已经表明，这些电影所采取的与主流电影相关的立场，在伦理上担心殖民主义消灭他者的想像中具有的视角含义以及其他电影传统亟需被揭露并且彻底地被质疑。对这些传统规范进行质询和改造的努力，应该被视为电影中后殖民伦理计划的重要组成部分。像《芭玛戈》这样的 61 电影，发起了与西方电影及其殖民主义遗产的对话，它不仅质疑了西方关于"善良"和"正义"的概念，也挑战了它们与"美"的关系，要求我们思考到底是什么构成了伦理的证词和艺术。因此，这样的电影不仅关心全球化的伦理，同时也涉及伦理的全球化，也就是说，对群体和文化之间的权力关系进行分析，可以改变我们对"伦理是什么"或者"伦理应该怎么样"的理解。

4

伦理学、观众身份与受难场面

在英格玛·伯格曼（Ingmar Bergman）1966年的电影《假 62
面》（*Persona*）中，女演员伊丽莎白·弗格勒（Elisabet Vogler）
想要逃避存在主义的痛苦，从世界退回到自己，却发现这种痛
苦还是不断地侵入她的生活。一种不明不白的疾病，使得她不能
也不愿说话。她被送到精神病医院，但医生诊断的结果是完全正
常。由于不愿意回家休养，她于是来到海边的一座小别墅疗养，
陪同她的只有一个名叫阿尔玛（Alma）的护士。其他人的生活
侵入伊丽莎白私人空间的方式之一，就是通过历史的/真实的影
像。在较早的某个场景中，伊丽莎白正在病房里踱步，她的注意
力突然被电视报道抓住了。当电影画面与电视画面完全一致时， 63
我们和她一起看到了1963年在越南西贡发生的一个和尚为了抗议
越战而自焚身亡的记录影像。影片在这些看起来很困难的电视
画面与离伊丽莎白越来越近的镜头之间切换。电视屏幕闪烁的
光线照着伊丽莎白，她看起来非常恐惧，用手捂住嘴巴，一步
一步地退到了墙角。《假面》是最早研究苏珊·桑塔格（Susan
Sontag）所谓的"典型的现代性体验"（quintessential modern
experience）——在地球上某个遥远的角落看着灾难一步步地展
开——的影片之一。[1]正如桑塔格提醒的，发生在越南的冲突，是

---

1 Sontag, *Regarding the Pain of Others*, 16.

最早通过电视以每日更新的方式向全球播放的，让人们"在遥远的后方近距离地见证破坏和死亡"（tele-intimacy with death and destruction）。[1]在《假面》的银幕上，那些不属于虚构的影像，既让电影本身的观众也让电影里的观众感到困扰和迷惑。伊丽莎白臆想的在瑞典的困境，与发生在西贡的真实事件，是如何产生联系的？电影声轨上的电视解说没有提供任何线索，因为解说词避免直接提到和尚的行为。这个场景不仅鼓励反思西方观众与身陷在电视屏幕展现的那场冲突中的人们之间的关系，而且鼓励反思电影用来表现和调解痛苦，以及在这个过程中让观众陷入其中的方式。有先见之明地，《假面》要求我们深思自己与那些身体和心理创伤的影像之间的伦理-政治关系。在我们的文化中，这种创伤及其影像，是如此多种多样、司空见惯、触手可及！

对于视觉艺术和文化，长期占据着评论员心思的一个伦理问题是，观看其他人受苦的影像，究竟意味着什么？莉莉·舒丽雅拉姬（Lilie Chouliaraki）声称，"没有任何其他场面像苦难的影像一样，能够引起如此紧迫的伦理问题"。[2]"做什么"的问题与我们在观看这种场面时采取的立场和态度相关，也与我们根据看到的见闻而行动的方式有关。真实的、持续发生的痛苦的画面，比如《假面》中的纪录片镜头，提出了关于观众对于银幕上那些画面（人/物）的责任和义务的问题：什么是可以接受的观看方式？什么是合理合法的反应方式？为观众上演的苦难，比如在伯格曼的电影中伊丽莎白和阿尔玛所经历的精神折磨，激发人们思考痛苦的肖像学模棱两可的魅力，它的伦理风险，它可能正当的

---

1 Sontag, *Regarding the Pain of Others*, 16.

2 Chouliaraki, *The Spectatorship of suffering*, 2.

理由。

在过去几十年里，媒介技术与媒体暴行同步激增，引起一阵跨学科的写作风潮，研究在观看其他地方发生的苦难时蕴含的观众问题（身份、性质、状态等）。最近的争论集中在战争或者其他灾难的摄影和电视画面，以及它们在西方观众中引起的反应。西方观众远离危险，但不一定能远离责任。不过，在这种语境下，很少被注意的是我们在电影中遭遇的苦难场面——包括真实的和搬演的——以及我们在与它们互动时的伦理动态。在《假面》中，正如把关于痛苦的摄影、电视和电影画面并置起来所强调的，电影就像摄影与电视一样，允许我们在遥远的时间和空间中，见证别人的痛苦（可能是真实的，也可能是模拟的）。由于技术进步增加了我们接触灾难影像的机会，电影与遥远的苦难之间的关系，在某些现代和后现代的电影制作中已经变成一个无法回避的问题。

痛苦经验的表现具有激发伦理争论的潜力。这种潜力反映在电影中的例子，就是上一章讨论过的，比如，在《是和有》里无助的孩子们可能有点反感的影像，或者目击者在《芭玛戈》中讲述的创伤事件。这些案例研究关注角色或者社会参与者与导演之间的互动，以及电影内容与形式的关系，而我在本章中的观点是：苦难的场景可以把电影主人公与观众之间相互联络的令人忧虑的伦理关系变成关注的焦点。换句话说，本章专门研究观看者与受难者以及西方主流的新闻话语所巩固的政治等级之间不对称的权力关系。它首先审视最近出现在各种关于摄影、电视、战争和痛苦的著述中的观看模式，试问它们对我们理解电影观众（身份、行为、性质、状态）有什么贡献，它们与别人的痛苦相联系

64

的性质，以及电影影像吸引、抓住或者分散我们的解释的潜力。接着它讨论某些电影实践能否开启一种不同的观看暴行影像的角度（很多暴行影像是由相互竞争的技术造成的）是否可以把它们放在新的语境中观察——对电影的虚构提出质疑。

遥远的痛苦与电传的亲近

主体在目睹他人的痛苦时采取什么道德立场，是哲学争论中的经典话题。按照让-雅克·卢梭（Jean-Jacques Rousseau）的说法，关于人类善良的天性，最根本的是普遍的"怜悯"之情，"天生地厌恶看到自己的同伴受苦"，这种感情体验甚至要早于理性思考，并且使我们不愿意给他人造成伤害。[1]另一方面，在康德看来，天生具有的恻隐之心并没有道德价值；我们理性的道德责任感应该激励我们采取同情的行动。[2]采取行动以减轻他人的痛苦，在很多宗教和道德的思想系统中都是共通的，不管它是基于天性的魅力，还是基于理性或者信仰。在讨论这种责任时，经常强调无中介的注视（unmediated vision）作为同情和现场道德行为的催化剂。《圣经》中关于善良的撒马里亚人的寓言故事，就是一种典范，彰显了面对面遭遇（face-to-face encounters）在伦理方面变革的潜力。

1　Rousseau, *Discourse on the Origins of Inequality* (Second Discourse), 36.

2　参见Kant, *Groundwork of the Metaphysics of Morals*.

不过，舒丽雅拉姬在《痛苦的观众》（*The Spectatorship of Suffering*, 2006）中指出，这些占优势的伦理规范，指定善良的撒马里亚人作为"理想的道德公民"，并不适应"我们这个时代的痛苦经验"。[1]现代视觉表现技术使我们站在遥远的时间和空间距离上面临他人的痛苦。它们用不幸的场景包围着我们。但是我们不能直接介入痛苦的场景。注视、同情和行动的连续性被打破了。结果，这种观众（行为、身份、性质）在道德方面备受质疑。在《旁观他人的痛苦》（*Regarding the Pain of Others*, 2003）这本关于战争和其他暴行的摄影及图片的著作中，桑塔格不无怀疑地暗示了这方面的疑虑：

> 影像受到了责难，因为它变成了远距离观看苦难的一种方式，仿佛还有什么别的观看方式一样……给人的感觉是，摄影对现实的抽象，在道德上总有点问题；人们无权远距离地体验他人的痛苦。距离消弭了痛苦的原动力。[2]

按照这种方法批评经过媒介的痛苦（mediation of pain），倾向于假设直接目睹（eye witnesses）与间接目睹（mediate witnesses）之间存在某种对立。直接目睹是合法的，因为他们出现在伤害事件的现场，并且暴露在潜在的危险中；间接目睹是未经许可的，因为他们保持了安全的距离，而且要依靠视觉技术。因此，举例来说，随军摄影师赔上了他们的身体，所以获得了看的权利；而那些坐在沙发上观看战争影像的人，就没有道德的理

1 Chouliaraki, *The Spectatorship of suffering*, 2.
2 Sontag, *Regarding the Pain of Others*, 105.

由。对于这种远距离观众行为的道德疑虑，被残暴影像的某种倾向——抽象或者净化它们的主题/素材，或者将它转化为窥淫迷恋的对象——夸大了。

不过，"间接目睹本来就是有害的"这种观念也遭到了批评家的质疑。对于观看者与被看者之间的相互关系，他们提出了具有细微差别的解释。这些干预强调观众对这些影像据称为非道德的"效果"负有伦理-政治的力量和责任。在《远处的苦难：道德、媒体与政治》（ *Distant Suffering: Morality, Media and Politics*, 1993 ）中，吕克·博尔坦斯基（ Luc Boltanski ）评论道：

> 以观众从远处凝视一场不幸的苦难为例，他不认识那些人，那些人与他毫无关系，不是亲戚，也不是朋友，甚至也不是敌人。这样的场景显然是有疑问的。甚至可以这样说，只有这样的场景，才能对面临它的人造成这种特殊的道德困境。[1]

在博尔坦斯基看来，从远处观看苦难场景，可以激发伦理的思想和行动。这种场景造成的"道德的困境"在于：决定该怎么响应。按照博尔坦斯基的解释，传达苦难见闻的影像赋予我们某种责任。博尔坦斯基在评价人道主义取向的特殊价值和普遍价值时，借用汉娜·阿伦特（ Hannah Arendt ）的《论革命》（ *On Revolution*, 1963 ）来分析同情（ compassion ）和怜悯（ pity ）之间的区别。他认为，同情与面对面的遭遇以及当场的行动有关，而

66

---

1 Boltanski, *Distant Suffering*, 20.

怜悯"归纳、整合了距离的因素"。[1]

其他评论家支持反思由社会建构的情绪或感情的伦理-政治价值。舒丽雅拉姬分析新闻话语中的伦理价值，旨在批评电视造成的"怜悯的统治"（regimes of pity）。她指出，对观看者和受难者进行区分，强化了当代的政治经济差异，巩固了权力的不平衡，是向殖民关系大倒退。[2]她没有弥合这些区分，而是指出，西方电视新闻培养的"怜悯的性情"只关心那些"像我们的"。[3]她的结论是，在进行感情生产的同时，应该强调"超然的思考——为什么这种苦难很重要，我们能够为此做什么"。[4]桑塔格也主张深刻的反思，而非感伤的响应。她警告电视媒介培养亲近的幻觉（illusion of closeness）——她用矛盾修饰法戏称为"电传的亲近"（tele-intimacy）——是为了掩盖政治的等级：[5]

> 影像让我们接近他人遭受的苦难。这种想像性的接近，暗示在遥远的受难者——用特写呈现在电视荧幕上——与特权的观看者之间存在某种联系。这种联系是不真实的，进一步模糊了我们与权力之间的真实关系。只要我们感到同情，我们就觉得自己没有与造成苦难的势力相勾结。我们的同情既宣布我们是无辜的，也表示我们是无能的。在一定程度上，同情可能不是一种（出于我们美好的愿望）最适当的反应。[6]

---

1 Boltanski, *Distant Suffering*, 6.

2 Chouliaraki, *The Spectatorship of suffering*, 4-5.

3 Chouliaraki, *The Spectatorship of suffering*, 13.

4 Chouliaraki, *The Spectatorship of suffering*, 13.

5 Sontag, *Regarding the Pain of Others*, 18.

6 Sontag, *Regarding the Pain of Others*, 91.

因此，在桑塔格看来，制造同情和体验同情，都可以作为否定的手段，作为否认我们的力量和责任的办法。换句话说，我们的移情反应，可以帮助我们摆脱我们的特权与他人的不幸之间的因果关系。基于这个原因，桑塔格敦促我们远离这种影像，并且思考我们是如何卷入那些影像所描写的困境的。旁观他人的痛苦，可能是一种契机："反映、了解并且审视既有权力对大众苦难的合理化"。[1]因此，经过概念化的伦理性观看，可能需要逆着道德纹理来读解苦难的影像，仔细审查与自由主义者的内疚和情感相关的情感付出的完整性。

电影、杀他性及其伦理影响

因此，根据博尔坦斯基、桑塔格和舒丽雅拉姬等批评家的意见，注视别人的痛苦，这种行为本身并没有什么问题，真正有问题的是那些表现模式和反应模式，它们将痛苦的场面工具化，用来支持或者接受社会政治局势的现状。主流新闻报道的修辞，极力掩饰并且阻碍人们思考被保护的西方观众与脆弱的非西方观众之间的不平等关系，例如，打着利他主义的幌子，培养观众洋洋自得的怜悯之心。占统治地位的报道模式常常逃避伦理工作，不调查观众的优越感如何被联系到，或者（在特定情况下）被建立在被看者的苦难的基础之上。这些批评家认为，观众被苦难赋予

1　Sontag, *Regarding the Pain of Others*, 104.

了责任，同时对可能产生的伦理反应提出不同的解释。

那么，《假面》的观众的态度怎么样？他们遭遇了"真实的"暴行？还是经历了为了启发或者满足他们而"创造的"痛苦？博尔坦斯基认为，只有强加在未知的他者身上的真实的苦难的场景，才对观众造成"一种特殊的道德困境"。这种观点忽视了附着在其他痛苦表现形式上的伦理指控，比如我们在电影里遇到的情况。虽然电影不在博尔坦斯基的研究范围之内，但他认为苦难的影像能够促进自我伦理审查，这个观点完全可以用于电影观众，既可以用于重新搬演的，也可以用于"真实的"事件。但这并非暗示观看演员在电影里模仿的痛苦与观看电视新闻中的暴行或者战争受害者的照片是可以相提并论的，而是表明这些不同的情境可以阐明彼此的伦理关系。

阿龙曾经明确地研究过这些观看经验之间的关系，她讨论电影中的伦理反应和责任，深受桑塔格和朱迪斯·巴特勒（Judith Butler）关于暴行和折磨的摄影分析的影响。[1]阿龙指出，电影观众天生地就与他人"真实的"或者"想像的"痛苦勾连在一起：

> 我这样说的意思是，观众（行为、身份、性质）取决于我们与他人潜在的苦难之间主观的联盟……他人的痛苦既是电影的老生常谈，也是我们总会介入的事情，不仅作为消费者，而且作为彼此同意的参与者，角色的痛苦，成就了我们的娱乐。[2]

1　Aaron, *Spectatorship*, 87-123; Sontag, *Regarding the Pain of Others*; Butler, *Precarious Life*.

2　Aaron, *Spectatorship*, 112.

阿龙概括的这种动力学，虽然并不适用于每一部电影或者每一种观看经验，但是它表明观众与电影的主人公是彼此配合的，并且，他们之间相互配合的方式可能正是所谓"伦理的"，很多重要的电影观众理论都未曾询问过这种可能性。阿龙的伦理冲突模式深受列维纳斯的思想影响，因此在她看来，观影行为总是"有伦理的负担"，因为"它代表着个人快乐与他人利益之间的协商"。[1]按照这种解释，支撑着所谓"凝视理论"的主体-客体关系就根据自我与他者的冲突重新改装了，并且，他性（alterity）的敞开被彻头彻尾地认为是政治的。

阿龙讨论的这种痛苦与观众欲望瓦叠的状况，提出了不少伦理问题。这些问题绝不是电影这个媒介所特有的。博尔坦斯基指出：

> 我们知道虚构的主要动机之一就是要上演苦难……超过两千年了，顽强得令人震惊，观看苦难的问题，作为一个道德问题，已经提高到与虚构的关系层次上，更准确地说，是与演戏的关系。[2]

那么，这个问题是怎么与"真实的"痛苦的画面造成的"困境"相关的呢？阿龙所谓的电影观众，"勾连"着的是历史苦难与幻想苦难的混合吗？博尔坦斯基、舒丽雅拉姬和桑塔格讨论的观看摄影与电视暴行的观众与电影观众是不是有共同的伦理基础？虽然阿龙承认在表演的表现和非表演的表现之间做出区分的

1　Aaron, *Spectatorship*, 88.

2　Boltanski, *Distant Suffering*, 21.

重要性，但是她认为，它们两者影响观众的方式是有关联的：

> 不管怎样，我都不会把这两种经验——观看战争电影
> 中鲜血从断肢中涌出来；观看CNN新闻报道中自杀式炸弹
> 袭击后缺胳膊少腿的尸体——相提并论，因为后者与真实发
> 生的行为相关，但我不得不承认把它们放在观众（行为、身
> 份、性质等）连续统一体中的重要性。[1]

阿龙认为，这两种观看经验属于同一个伦理的连续体。这
种看法在研究摄影与新闻话语被建构的本质时得到了证实。桑塔
格指出，很多在越南冲突之前拍摄的著名的战争摄影，都被证明
是搬演的；不仅如此，摄影，像其他任何形象一样，也是选择性
的；"摄影就意味着构图，构图就意味着排除"。[2]此外，关于这
种倾向——当代的影像生产与传播，试图模糊真实的暴力与伪造
的暴力、新闻报道与奇观表演之间的区别——也有广泛的争论。[3]
桑塔格还观察发现，自越战以来，"战役和屠杀就随着它们的进
程拍摄，并且成为家庭小荧幕连续不断的娱乐的固定成分"。[4]按
照娱乐和信息之间日益被模糊的界线，这种设想可能是有益的：
"真实的"和"非真实的"苦难，彼此提供了批评的观点，没有
将前者表现的困境与电影表演的痛苦带来的共同的快乐提出的问
题混为一谈。

阿龙的目标是要证明电影观众（行为、身份、性质等），

1　Aaron, *Spectatorship*, 122.

2　Sontag, *Regarding the Pain of Others*, 41.

3　参见Žižek, *Welcome to the Desert of the Real!* and King (ed.), *The Spectacle of the Real*.

4　Sontag, *Regarding the Pain of Others*, 18-19.

69　与他人的痛苦一起，总是与伦理紧密牵涉的，并且试图描述电影用来否认这种牵涉的策略，而我尤其关心的是电影在调节过量的苦难影像时所采取的方式，并且质询我们对这些方式的反应。很多作家都研究过电影和录像实践抵制西方大众传媒压制他性（通过避免关注非西方的因果性）和虚化苦难（derealize sufferings）的潜力。在《由于越来越多的偷包贼》（*Owing to an Increase in Handbag Thefts*, 1991）中分析1991年海湾战争的电视报道时，塞尔日·达内对比了被他称为"观赏"（le visuel）的电子表演与电影影像。"观赏"采取了统一的观点——换句话说，即权力的视点（the point of view of power），没有反打镜头的镜头（取消了它的反打镜头）——而电影不仅能够表达相异的观点，并且"见证了某种他性"。[1]杰弗里·哈特曼（Geoffrey Hartman）在一篇论述网络时代（dot com era）的媒介暴力与苦难的文章中追求某种交叉的力量/机制（agency），根据克拉考尔的说法，他比较了电影完成的现实的"救赎"与当代主流电影和电视中盛行的"现实的幻影"（ghosting of reality）。[2]借鉴关于创伤的心理分析理论，哈特曼声称，这种"非现实的效果"（unreality-effect）就像某种超自然的精神现象，可以抵制电影和新闻中的暴力造成的"激励过度"（hyperarousal）。[3]哈特曼是耶鲁大学福图诺夫大屠杀证言录像档案馆（Fortunoff Video Archive for Holocaust Testimonies）的联合创始人和工程总监，根据他的观点，幸存者的录像可以通过它"最少的可视性"抵消电视的"虚有其表或者鬼魅幻觉的非现实"的特点；将视觉领域限制到个体表达

1　Daney, *Devant la recrudescence des vols de sacs a main*, 185,193(my own translation).

2　Hartman, "Memory.com", 5.

3　Hartman, "Memory.com", 4, 3.

的语音，最大限度地开拓了影像打开的"精神空间"（mental space），并且创造了一种新的"情感感应共同体"（affective community）。[1]

根据达内和哈特曼的建议，电影和录像可以抵抗杀他性的（altericidal）实践或主流媒体令人麻木的"非现实-效果"，本章剩余的时间将转而分析从三部影片中选择的场景，它们将主人公设定为媒介暴力与痛苦的见证者，从而实现了这种抵抗的可能性。在每一部影片的关键时刻，叙事都被打断了，因为描写苦难和死亡的记录影像占领了银幕。我要通过对影片的读解来探询，这些真实影像的插入，通过唤起我们对观看的自我与影像的他者之间常常被否定的联系的兴趣，在多大程度上质疑了我们与虚构之间的关系。

在《假面》《过客》和《隐藏摄像机》中见证暴行

电视播送的画面渗入了《假面》，伊丽莎白瞥见了和尚的自焚，她不止一次在遥远的时空遭遇他人的痛苦了。后来，当她躺在床上翻一本被撕掉的书，又遇到了另一幅历史景象。她调亮灯光，把照片放到身旁的桌子上，把头枕在手上，细细地打量它。一个反打的特写镜头表明，那是一张现在看来有点老套的华

1　Hartman, "Memory.com", 11.

70 沙的妇女和儿童被纳粹士兵逮捕的照片。影片又切回伊丽莎白的脸，还是特写的构图，它的平静反映出快镜拍摄的稳定。只有她的眼睛在动，目光在照片上摸索，摄影机就跟着她的指引。随着音乐逐渐增强，一连串极端的特写挑选了照片中的个人形象和细节：一个小男孩举着双手，站在前面，眼睛瞄着照相机；枪口正对着他；士兵为照片摆拍的脸；一张女人的脸，她正在看他们。电影和照片都捕捉到了拍摄主体看的动作，将凝视本身变成了客体。同时，通过摄影机的运动追问视像（vision）和理解（comprehension）之间的关系。我们与照片隔得越近，就越难以理解它。被挑中的特写镜头，模糊了主体的视线，并且重新组织了逮捕场面空间关系；通过表现照片的颗粒和磨损，从而将注意力引向照片的物质性。我们对照片感到困惑，同时难以读解伊丽莎白的脸，两难在此混合，难分彼此了。在看到电视上的纪录片时，伊丽莎白反应强烈，而此时，她显得很被动，除了摄影机的接近，很难发现她有任何反应。

　　对于这个场景，有很多背道而驰的批评读解；关于伊丽莎白对照片的反应，也有很多相互矛盾的看法。彼得·奥林（Peter Ohlin）引述了一系列读解，也指出了其中的矛盾，并且将它描述为"阐释的不稳定性的肖像"（an icon of instability of interpretation）。[1]在奥林看来，照片触发了对生物再生和机械复制的反思，而其他评论家则用不同的方式将它与影片主题的成见联系起来。在当前的语境中，最中肯的是它造成的阐释困难，以及它阐明影片关注的伦理指控的方式。当摄影机模仿伊丽莎白的眼睛在照片上探寻的动作时，伊丽莎白和摄影机小心翼翼地关

1　Ohlin, "The Holocaust in Ingmar Bergman's *Persona*", 242.

注照片的方式让观众感到既复杂又着急。影片没有向我们展示这本书是谁的，或者快摄镜头是怎样藏进去的，也没有任何与叙事的直接联系来解释它的出现。与来自越南的纪录片的镜头一样，这张照片未经邀请就突然闯入，没有端倪，也没有交代背景。大屠杀、越战与弗格勒自己想像的困境之间的关系，始终是不明确的。这种模棱两可的矛盾性，被快摄镜头本身造成的阐释困难夸大了（在《枪口下的儿童》［*A Child at Gunpoint*, 2004］这本书中，理查德·拉斯金［Richard Raskin］对这张照片做过详细的分析），尤其是不确定这个场景在多大程度上是摆拍的。在这张照片中，真实的苦难和非真实的苦难相互渗透，就像它们在电影中所做的那样，卷入并且影响了观众的反应。伊丽莎白看起来好像被和尚自焚的恐怖场面惊呆了，而影片插入历史影像的方式则要求观众产生不同的反应；虽然大屠杀的照片和越南的纪录片镜头可能会引起不由自主的情绪，但是影片拒绝将它们安全地纳入叙事，而是让我们参与解码和会意，促进反思性的反应。虽然伊丽莎白想把自己与现实隔离开来，虽然故事在其中展开的抽象空间仿佛与历史切断了联系，《假面》还是反驳了桑塔格和舒丽雅拉姬在主流媒体话语中发现的伦理-政治力量，以及达内在第一次海湾战争的电视报道中谴责的杀他性修辞。通过强制反思伊丽莎白与她所看到的影像之间的相互联系（interconnections）以及令人不安的可能性（她可能陷入他们的痛苦），影片很好地完成了任务。

西方观众与（发生在他们认为非常遥远的土地上的）暴力之间的伦理-政治关系，在米开朗基罗·安东尼奥尼（Michelangelo Antonioni）的《过客》（*The Passenger*，又名《职业记者》

71

Professional Reporter, 1975）中得到了明确质询。在《过客》和《假面》之间，可以直接画出一系列主题相似的平行线：两者都描写正在经历存在危机的主人公；两者都通过"幽灵"（Doppel-gänger）的母题来探究这种危机；两者都全神贯注身份的不稳定性，尤其是身份通过遭遇痛苦与死亡而后形成的方式。死亡与痛苦，既远在天边又近在眼前。不过，《假面》致力于媒介见证这类事件时模棱两可的立场，而《过客》将媒介视像（mediated vision）与面对面的冲突并置起来。伊丽莎白在电视画面中瞥见暴力。她与暴力的物理距离，让她成为观众在银幕上的代表。相反，大卫·洛克（David Locke）——安东尼奥尼的核心人物，一个职业记者——是外国冲突的直接见证者。另外，在《假面》中，外部形象具体体现并且加重了主人公内心的痛苦，而在《过客》中，存在主义的戏剧既是在形象中也是通过形象本身展开的。当我们第一次遇到洛克，他正在为有关"后殖民非洲"的电视纪录片收集素材，并且准备加入乍得（Chad）的游击队。后来，他与另一个人交换了身份，并且表演了自己的死亡。他在伦敦的同事马丁·奈特（Martin Knight）整理他留下的影像，向洛克的妻子瑞秋（Rachel）解释，他正在编辑一个"后来的"记者的电影肖像。在《过客》中，当奈特和瑞秋在剪辑机上观看洛克的非洲电影时，我们也看到了其中的三段。虽然瑞秋在表面上看起来是一个次要的、没有实质性的角色，但在当下的语境中，思考她发挥的作为观察者的作用，肯定是有收获的，尤其是她在剪辑室注视和质询那些影像的场景。

《过客》呈现了洛克影片中的三个片段。第一个出现在镜头正中间的小监视器上，随着现场的发展，摄影机越推越近。这个片段是黑白的，表现非洲某个国家的统治者正在接受洛克的采访。洛克在银幕空间之外。那个统治者矢口否认存在反对派。然后，电影切换到奈特和瑞秋，他们正在讨论奈特的计划。接着，是一个彩色的闪回镜头，回到采访的场景，瑞秋也在现场。同时，瑞秋的画外音在向奈特回忆她当时如何责备自己的丈夫"受人的恩惠太多"，因此没有挑战对话者的回答，含蓄地暗示他歪曲历史。洛克影片的第三个片段，以满画面的形式闯入叙事，它的性质最初是由急转的监视器揭示出来。在这里，我们看到了演职员表中那个叫做"巫医"的角色。西方媒体凝视所谓的"诚实"再次受到质疑，但这次是通过洛克的采访对象的行为。巫医观察到洛克的问题明显暴露出洛克自己的看法，而不是采访对象的，于是巫医抢过摄影机，把它对准了问话者。然后，画面切换到监视器，再后是一个反打镜头，显示瑞秋正专心地观看巫医如何扭转局势，将摄影机对准洛克，打破了记者所谓的"规矩"。巫医抢过摄影机并且反过来对准洛克，这个动作有点让瑞秋着迷，造成了"殖民凝视"的倒转，并且要求批判性地反思西方采访者的欧洲中心主义传统。

第一个片段和第三个片段形成了一种解释学的框架，制约了我们对第二个片段的反应。在《过客》中，只有第二个片段不是由安东尼奥尼的摄影师卢恰诺·托沃利（Luciano Tovoli）拍摄的。在这里，监视器的画面与洛克的电影片段也构成一种不相容的影像渗入银幕，没有任何时间或者空间的背景。这个段落里的镜头明显是他性的（alterity）：有些镜头是不稳定的或者失焦的；角度、长镜头和变焦镜头的使用，暗示摄影师受到了某种非常的压力；黯淡的色彩表明影片的质量很差；画面之间的时间省

72

略，很像新闻片惯用的叙事手法。从没有指明出处的纪录电影资料中选取的片段，描写了军方行刑小队在非洲某个地方处决反抗领袖的场面。[1]剪辑室之外的镜头捕捉到瑞秋被吓坏的反应。虽然她的恐惧让人想起了《假面》中伊丽莎白对和尚自焚画面的反应，但安东尼奥尼与伯格曼不一样。伯格曼利用了影片主人公的面部特写的表现力，相反，在瑞秋站起来离开摄影机的视野之前，我们听见她屏住了呼吸，看见她的手指着画面的最边缘。瑞秋在银幕内和银幕外的存在，作为一个见证者，不仅证实了纪录电影资料中的现实，而且与她的评论一起，创造了重新评价西方观众与远处的暴力场景之间的关系的空间。从表面上看，暴力与西方观众的特权是没有关联的。这里与影片在其他地方一样所做的一样，瑞秋对洛克的电影素材采取的分析性的、令人动情的反应，构成了一种达内发现的被电视的杀他性话语压制的"反拍镜头"（counter-shots），在一定限度内揭露"殖民凝视"（colonial gaze）是愚昧无知的根源。在《过客》最后的场景中，当瑞秋看到丈夫的尸体时，她却声明不认识他。按照前面的读解，这个声明证实了瑞秋具有争议性的伦理观点，而不是对它的破坏。

73　　我的最后一个例子来自哈内克（Haneke）的《隐藏摄像机》（*Cathé*）中的某个场景。哈内克的影片明确地批评了种族中心的观看模式。这种带有种族优越感的观看模式，是由达内所谓的"观赏"图像系统（image-systems）培养的。它通过电

1　索尼公司2006年出版的《过客》的DVD收录了评论家对该片的口头评论。尼克尔森（Nicholson）仅仅提到安东尼奥尼（Antonioni）从一系列影片方案中选择了这个段落，而马克·佩普洛（Mark Peploe）则承认他已经忘了这个被判刑之人的名字。马克自己写了这个故事，并且是联合编剧。

视反复地侵占他们的叙事，并且对叙事行为采取粗暴的评论。有些人漫不经心地消费媒介表现的苦难，他们生活在哈内克所谓的"冰川三部曲"（Vergletscherungs-Trilogie）中：《第七大陆》（*Der siebente Kontinent*, 1989）、《班尼的录像带》（*Benny's Video*, 1992）和《机遇编年史的71块碎片》（*71 Fragmente einer Chronologies des Zufalls*, 1994）。《隐藏摄像机》重申了这个母题。像洛克一样，《隐藏摄像机》的反英雄生活在媒体内部，在电视上主持一档文学脱口秀节目。但与安东尼奥尼的主人公相反，乔治·洛朗（Georges Laurent）在经受良心之眼的仔细审查时，拒绝承认自己用心不良。

我们谈论的那个场景，是用一个镜头展开。乔治和他的妻子安娜（Anne）发现他们十岁的儿子不见了。不过，另外一些事情，同样攫住了我们的兴趣。当然，它们与主要叙事之间的联系需要稍作解释。这个场景的序幕是长达半分钟的全屏电视镜头，它会再次出现在洛朗堆满书籍的卧室里的等离子电视屏幕上。根据它的尺寸和位置，这个屏幕在视觉上与窗户非常相似。这个屏幕虽然不能提供敞亮的世界的风景，但正是通过它，媒介表现的现实才闯进了这个家庭的资产阶级生活。换句话说，它是故事情节的催化剂。虽然在先前的场景中，乔治和安娜也在屏幕上看过一些无名的令人恐吓的录像带，但这时，电视屏幕锁定的是欧洲新闻频道。随着场景的展开，屏幕上表现了在伊拉克的联合军事行动，关于美军在阿布扎比监狱虐待伊拉克人的调查，巴勒斯坦被占领区的死人和伤者的影像。这种蒙太奇对达内所谓的作为"观赏"的"没有反打镜头的镜头"提出了质疑，这样的电影画面将暴行变成了装饰的墙纸。乔治处于镜头前景的左边，他的注意力集中在右边的安娜身上。安娜在进屋时扫了一眼电视，然后就转过身去背对着屏幕。显然，屏幕上的新闻与乔治夫妇的个人境遇没有任何关系。他们俩的对话成了前景，电视新闻变成了后景中的噪声。但是不管怎样，电视屏幕始终处于镜头画面的中心，拒绝被推后，并且阻止我们关掉它的画面。

在《隐藏摄像机》中，通过相互交叉的画面和图像技术建构的令人方向混乱的网络，不仅鼓励反思媒介表现的暴力所造成的距离化（distancing）、虚幻化（derealizing）效果（这也是哈特曼关心的），而且在不同地方爆发的后殖民暴力之间建立了联系。在这个场景里，借助后景中电视播送的图像，电影在伊拉克和巴勒斯坦被占领区的当代事件与非想像的历史暴行——萦绕在电影中，可能间接地关系到安娜和乔治的儿子失踪：1961年10月17日，巴黎警察屠杀数百名支持阿尔及利亚民族解放阵线的示威者——之间建立了联系。将这些并列起来的目的，并不是要在这些独离的野蛮事件之间建立等式，而是要强迫我们重新思考影像用来隐藏和揭露权力活动的各种方式。在《假面》和《过客》中，我们的凝视仅限于通过银幕上的见证来观看，是一种邀请我们努力效仿的行为。相反，在《隐藏摄像机》中，正是主人公对电视上报道的恐怖事件采取的冷漠态度，揭示了我们与看似无关的暴力脱不了干系。这三部电影没有简单地赞扬对苦难的典型反应，也没有草率地批评不道德的行为——舒丽雅拉姬发现可能强化占据统治地位的旧式伦理规范——致力于揭开我们与他人经受的痛苦之间的关系的神秘面纱。

结　语

本章研究了经过选择的理论文本和电影场景如何模仿或者表现观众与真实的/模拟的痛苦的影像之间的关系。换句话说，本章通过对影片的讨论，尝试证明某些争论的适切性。争论主要集中在表现苦难的摄影影像、电视画面以及电影观众（行为、身份、性质等）；讨论的电影重新组织或者定义了这类影像，质问深植于这些影像中的意识形态偏见，并且促进分析性地回应各种言不由衷的情绪和观点。《假面》、《过客》和《隐藏摄像机》将真实的暴力的画面植入它们虚构的故事，对观众责任与欲望的关系提出疑问，强调阿龙描述的"在目睹暴力与一定程度上被暴力娱乐之间，存在复杂而迷人的紧张关系"。[1]正如电影暴露了书面证据（documentary evidence）不一定可靠，这些插入的材料反过来考验设计的故事，破坏它们的前后一致性，质疑它们的意义重要性。我们不仅被认为是"真实"暴行的见证者，而且被认为是默契的看客，为了快乐而同意上演苦难的影像。它们还提醒我们，由媒介表现的痛苦的影像提出的问题，与种族和性别的问题形影不离地纠缠在一起。除了大屠杀之外，在《假面》、《过客》和《隐藏摄像机》中目睹的、暗示的，或者寓言化的冲突——在越南、乍得、阿尔及利亚、伊拉克和巴勒斯坦被占领地区——都是西方殖民主义和帝国主义留下的烂摊子。《假面》和《过客》赋予妇女作为见证者的特殊地位，进一步说明了观众的介入与影响。这些影片坚持认为，我们看什么，以及我们怎么看，都是

1　Aaron, *Spectatorship*, 121.

有影响的。观众与伦理行为和责任范围不是绝缘的。我们的特

权——包括看的特权——在某些方面与他人的痛苦密切相关，因

此需要主动地质询与反思。

理论、伦理与电影

导　言

近年来，人们常常将电影与哲学相提并论，或者通过哲学来观看/阅读电影，给理论性的电影研究灌注了勃勃生机。显然，关于电影与伦理的研究是视觉文化与思想重归于好的重要环节。但是，如前所述，伦理哲学与电影的相关性以前并未获得它应有的尊重（重要性）。本书第2部分瞄目于这个新兴的"电影哲学"领域，不仅要深入地讨论，而且要与各种欧陆伦理哲学思潮展开对话，超越先前电影研究的局限。

第1部分对形式、内容、观众等问题提出了一系列伦理见解，但是没有深入欧陆哲学的争论。这一部分旨在证明将电影与哲学结合起来读解的好处。例如，在第1部分的结尾，我们开始用电影作为案例，讨论由凝视论者精心阐释的固定观看模式的伦理含义，从观念的角度指出这种模式的局限性。针对影像的意义以及我们与它们的关系，我们提出了一系列紧迫的伦理问题：我们能不能想象一种观看关系，不再直截了当地将观看对象客体化？伦理学可不可以打破凝视过程中明确的主体-客体关系？

在第2部分，我们打算采用后结构主义、心理分析和后现代的哲学模式深入探讨这些问题，解析作为凝视理论之基础的客体化原理，用更复杂的方式呈现观众与电影之间的相互影响。就伦理问题的性质和状态而论，这些哲学框架常常彼此冲突。通过采纳一系列不同的观点，我们发现复杂而且多样的伦理精神在电影经验中发挥作用。

任何一种研究，只要考虑"经验"艺术形式的意义，都会涉及现象学的概念。伦理作为我们观察世界的一种模式，可以是经验的、关系的、认知的或者精神的。这种观念对于任何文化生产模式及功能理论，都具有启示意义。利用投映设备，电影装置为观众呈现的不是自身而是别的事物。这是一个完美的现象学的隐喻。不过，我们不打算用现象学作为哲学框架，而是将"电影的现象学"这一宽泛的概念作为研究对象。我们讨论的思想家，比如列维纳斯、德里达、福柯和拉康，都深受埃德蒙德·胡塞尔（Edmund Husserl）和莫里斯·梅洛-庞蒂（Maurice Merleau-Ponty）的影响，但大都反对经典的现象学理论。例如，用列维纳斯的话说，现象学模式在伦理方面是缺陷的，它假设他者是二元结构中我的对象。列维纳斯称之为"总体性"并且认为相异性的伦理模式应该立足于"无穷"的开放，他者不能被简化为"我的"观察和知觉。在他看来，他者的他性（alterity）来自"不干涉"和"自我表示"。正是他者的外观，唤醒了主体以伦理责任为基础的意识。这种争论（观点）在电影中是切中肯綮的，因为几乎所有的理论模式（尤其是麦茨和穆尔维的）都假定看与被看的主体-客体关系构成了观影经验中主动-被动机制的基础。那么，我们可以肯定，观看行为始终是充满潜在伦理意义的冲突，但在电影里必须受到调控，不可能像列维纳斯所说的那样不受干预。通过电影手段对伦理关系进行调控，正是我们关注的重点。

92

本书第6章着重讨论列维纳斯并且试图证明：为了避免主体-客体关系的杀他性（客体被化约成主体的观察与知觉），一种可能的办法是打破观者与电影题材之间的视觉关联。比如，列维纳斯对视觉表现持保留意见，朗兹曼拒绝在《浩劫》（*Shoab*）中表现大屠杀，本章分析了二者的相似之处。

福柯对现象学的保留意见之一，就在于它偏爱个人的范畴并且认为真理存在于经验。福柯认为伦理居于由社会道德规范与个人对社会道德的反应构成的空间。认为仅凭知觉或观念就可以创造伦理学，从社会的角度看，福柯认为这种想法很幼稚，因为主体生活在权力关系之中，并且可能在交流过程中互换主体和客体的位置。一种有助于思考电影的方式在于发现观察与监视之间的诸多联系。窥淫癖作为一种电影愉悦机制频繁出现在主体-客体关系的心理分析模式中。福柯对现象学的保留态度，呼应了他对心理分析结构的怀疑精神。在福柯权力的暴力领域，主体遭到无限多样的有利位置的观察，以至于他或她最终认同/内化了这个看/被看以及自我审查的过程。观看不是以线性方式进行的，我们都卷入了自我监督。这个观点对现象学和凝视理论的单向度模式提出了修正的选择。第1章的目标之一就是沿着这些线索推进阅读。

关于思想家处理问题的方式，这一部分包含两个例子：一方面质疑现象学的传统，另一方面提出另类的知觉理论，全面恢复电影现象学的复杂性。

在绪论中，我们简要地讨论过两种伦理之间的对立，一个是列维纳斯优先考虑他者的伦理，另一个是坚持忠实自我的伦理。在本部分的章节中我们更详细地审视这两种思潮，并且评估将它

93

们用于电影伦理理论的可行性。我们已经指出，将电影经验道德化，意味着从责任和欲望（它们在这里不是直接对立的）出发（而不仅仅是从政治或道德的角度）对它进行概念化。在第1部分的各章中，责任的律令和快乐的伦理常常被简单地彼此对位。第2部分更加明确地研究他性伦理学和自我伦理学的应用，采用的办法是细致地考查这些思潮（前者的代表人物是列维纳斯和德里达，后者的代表是福柯、拉康派思想家以及巴迪欧）能给电影研究带来什么。

　　出于伦理的考虑，列维纳斯和德里达对图像性（figurality）的排斥（后者程度稍低一些），使他们成为具有挑战性的思想家，重新思考电影的表现问题。他们鼓励大家追问：是否可以在银幕上见证自我与他者的关系？能不能找到新的观看电影主体的方式，不再对他者施暴？德里达尤其关注作为一个具有完全责任感的社会代表（观众）的难度（甚或不可能性），因为对于任何一个另外的存在（或者任何一种对电影影像的阐释）而言，责任都得以另一个为代价。萨克斯顿在第6章对德里达的讨论，为进一步探索责任感和观看行为奠定了理论基础。反之，拉康和齐泽克提供的伦理模式，根本无法同列维纳斯和德里达偏爱的他异性和谐共处。不过，他们的伦理模式作为自我的匮乏，追求欲望的真实（Real of desire），也牵涉到抛弃以道德为中心的简单的自我概念，并且追问存在的极限。将李·埃德曼（Lee Edelman）受心理分析影响的酷儿理论与拉康和齐泽克放在一起阅读，有助于质询看起来明显具有道德特征的价值判断。伦理化的价值判断，面临毋庸置疑的风险。在埃德曼对希区柯克的电影富于挑衅的、"反社会"的读解中，家庭、团结、族群和未来的理想，都被当作潜在的压迫的意识形态，遭到毫不妥协的挖掘。对此，第8章要做专门分析。

在一定程度上，后现代理论进一步复杂化同时又进一步消解了上面强调的那些极具创造性的矛盾。在拒绝落实各种等级差异或者赋予某种立场"真实"或者"正确"的特权时（使之成为某些基本宗教话语和后结构主义欧陆思想-实验的对立面，比如巴迪欧反伦理的伦理绝对论），后现代主义通过各种方式强调了协调不同的矛盾观点、使之和平共处的困难。针对不同的电影和不同的伦理-政治语境，每一种观点都提出了有效的阅读、思考和观看策略。第9章，我们以唐宁关于后现代伦理的思考为本书收尾，因为后现代主义的相对化（relativization，完全不同于道德的相对主义［relativism］）非常有价值。它帮我们拆散了现代性的某些宏大叙事。现代性叙事建构了我们思考电影和伦理的方式（教化而迂腐），相反，后现代主义提供了一系列反向阅读的策略和有违直觉的哲学。例如，通过研究与非人类的伦理冲突，它拓宽了我们思考伦理的视野，突破了历史久远的以人类为中心的说法和条件。在人类中心的条件下，伦理的想象是习惯性的，即使反传统的人文主义也不例外。因此，本书第2部分从理论层面思考活动影像独一无二的增强或者锐化观看电影银幕时的伦理维度的潜力，尤其是在后现代实践的语境下观看数字媒体的伦理特点。有时，它也会误解或者歪曲他者。

5

失明的想像：列维纳斯、伦理与
面貌

95   最近，在讨论电影的伦理特征时，伊曼纽尔·列维纳斯的名字常常被提起，频率远超其他任何一位哲学家。不过，从表面上看，列维纳斯的著作可能不是这个研究领域里最有前途的出发点。他的著作很少谈论电影，偶尔提及，也只起到了单纯的说明性作用。此外，尽管他没有公开地批评电影，但他的哲学表明长期以来对美学（the aesthetic）和视像（the visual）的怀疑，因为他把它们与各种形式的统治和暴力联系在一起。在《总体与无限：论外在性》（*Totality and Infinity: An Essay on Exteriority*）的前言中，列维纳斯将伦理描述为一种透视（optics），一种看起来有助于思考媒介的方式（这里特指在历史上首先而且最吸引我们视觉的媒介）。但是他很快就修饰了这种描述，从可见的领域剥离了伦理关系："它是一种没有图像（image）的想像

96 （vision），缺乏（通常意义上的）想像（所具有）的总括性的和总体化的客观化性能，而这正是本书试图加以描述的一种完全异类的关系或意向性"。[1]

    不过，这正是我在本章争论的焦点。由于他对图像和视像的敌意，列维纳斯的思想为我们从伦理的角度重新审视电影提供了关键性的资源。如果列维纳斯对电影无话可说，那么，最

---

1 Levinas, *Totality and Infinity*, 23.

近某些公开引用列维纳斯原文的电影，比如戈达尔的《我们的音乐》（Notre musique, 2004），以及公开向列维纳斯致谢的当代导演（他的著作影响了他们的作品），包括让-皮埃尔（Jean-Pierre）和吕克·达尔代纳（Luc Dardenne）以及乔西·阿皮尼亚内西（Josh Appignanesi），至少证明电影有话想对列维纳斯说。[1] 在过去的十多年里，列维纳斯的著作对读解纪录片、类型片（比如动作电影）、个别导演的作品（包括昆汀·塔伦蒂诺、帕特里斯·勒孔特、米开朗基罗·安东尼奥尼、达内兄弟和安德烈·塔尔科夫斯基）和观影行为启迪了灵感。[2] 评论员已经开始宣布"电影学术领域里的列维纳斯转向"。[3] 当电影学者把列维纳斯的观点引入政治和美学时，他对伦理的讨论才是关注的焦点。这反映了伦理作为"第一哲学"在列维纳斯思想中占据的优先地位，符合其著作在人文学科广受欢迎的事实。[4] 迄今为止，关于列维纳斯与电影的很多著作，首先承认列维纳斯关于艺术和想像的批评，再着手考虑列维纳斯思想中对视觉文化分析不太有害的方面。我想在本章中分析列维纳斯对图像的疑虑，并且进一步研究它们与电影实践中蔓延的反视觉或者反偶像思潮之间的联系。

为了给这些联系赋予历史的基础，必须简要概括一下两种

---

1 在《我们的音乐》中的某个场景，一名以色列记者在浏览列维纳斯的《依我情深》（Entre nous, 1991），用列维纳斯的方式思考重建波斯尼亚-黑塞哥维纳的莫斯塔桥的重要性。也可参见Dardenne, Au dos de nos images以及Appignanesi and Baum, "Ex Memoria: Filming the Face".

2 参见Renov, The Subject of Documentary, 148-67; Cooper, Selfless Cinema?; Botting and Wilson, The Tarantinian Ethics; Downing, Patrice Leconte, 106-30; Aaron, Spectatorship, 111-113;and essays in the 2007 special issue of Film-Philosophy, "The Occluded Relation: Levinas and Cinema", ed., Cooper.

3 Cooper, "Introduction: The Occluded Relation: Levinas and Cinema", iii.

4 Levinas, Totality and Infinity, 304.

相互交织的文化背景，因为它们可能就是阅读列维纳斯著作的语境。马丁·杰伊（Martin Jay）将列维纳斯置于20世纪法国思想对视觉（the visual）普遍怀疑的传统中，相信他对1970、1980年代智识趣味（intellectual interest）在法国犹太教（尤其是圣像禁忌，禁止雕刻偶像）中的复兴发挥了重要作用。杰伊指出，"列维纳斯公开将伦理学与视觉表现的希伯来禁忌绑在一起，并且一次又一次地与希腊文明对景观、概念形式和光辉形象的迷恋/崇拜进行对比"。[1]列维纳斯反复提到第二条戒律（the Second Commandment），不仅在他讨论宗教时，而且在他关于美学和伦理的著述中，它在此产生的意义超越了单纯的神学阐释。在战后的法国思想中，这种禁戒已经从神圣世界渗透到世俗话语，并且在围绕难以充分地表现毁灭或者浩劫而展开的争论中获得了共鸣。认为纳粹消灭欧洲犹太人和其他族群的企图是不可以表现的，断言它不能或者不该用图像还原，这种顽固的主张往往源于对圣像禁诫（Bilderverbot）的特殊理解。虽然列维纳斯不愿直接谈论这件事，但《另类存在或者超越本质》的题字将这本书献给了被纳粹屠杀的人们的记忆，暗示它在一定程度上影响了他的哲学计划。[2]更特别地，学者们曾经思索过，列维纳斯对艺术的关注在多大程度上，可以被视为对大屠杀的反应。因此，如果犹太教是明确影响列维纳斯对影像的态度的背景之一，那么，另一个密切相关的背景无疑就是集中营的遗产。另外，列维纳斯关于艺术的讨论表明，纳粹犯下的罪行可能影响了他对这种图像的看法（禁止影像）。通过追溯列维纳斯一生中对艺术的态度的转变过

1　Jay, *Downcast Eyes*, 546, 548,555.
2　Robert Eaglestone认为，列维纳斯的思想充满了对大屠杀的思考，在某种程度上常被他的读者所忽略。"Inexhaustible Meaning, Inextinguishable Voices", 249-250.

程，吉尔·罗宾斯（Jill Robbins）发现了一些"列维纳斯的确在积极地谈论艺术……艺术总是与毁灭相关"的特殊时刻。[1]

本章研究列维纳斯的某些文本与影片《浩劫》（*Shoab*, Claude Lanzmann, 1985）之间的联系。《浩劫》是从上述文化语境中诞生的最具影响力的影片之一。朗兹曼的影片激起了有关艺术表现本身的伦理之争。虽然列维纳斯在这种关联中鲜少被提及，朗兹曼也没有在公开发表的访谈或者评论中引用过他的著作，但是导演的心思在几个根本的层面上与哲学家的思想产生了交集。的确，我想在此指出，朗兹曼的影像非常契合列维纳斯哲学的某些关键方面，尽管（甚至因为）列维纳斯怀疑眼睛的霸权。朗兹曼堪称训练有素的哲人，他的影片可以被看作某种哲学探索，就像列维纳斯的著作一样，受到了大屠杀创伤事件的影响。此外，朗兹曼像列维纳斯一样质疑表现本身的正统性，尤其是视觉形象的合法性。《浩劫》往往被视为反视觉的、图像恐惧症的电影潮流的典范，回应了对集中营表现方式的挑战。朗兹曼与列维纳斯一样，图像禁忌以及它在战后思想文化中的严苛要求已经先入为主，两人都接受了所谓反偶像的立场。不过，读列维纳斯的哲学，看朗兹曼的影片，彼此对照参证，有助于对此提出质疑。

本章分两部分。第一部分分析列维纳斯讨论他者的伦理、美学、面貌或外观的著作，尤其关注与"禁止表现"相关的评论，思考它们如何启迪我们与电影影像的关系。列维纳斯关于表现的批评——容易被贴上"主体化"的标签，并且将"面貌"简化为同者的投映——可能被用来影响电影的画面与声音及其要

1　Robbins, *Altered Reading*, 133.

求、强迫、命令我们作为观众的方式。第二部分用个案研究的形
式，根据或者对照列维纳斯观点——图像倾向于让我们对他者装
聋作哑——读解朗兹曼的电影。《浩劫》是用电影手段对列维纳
斯哲学直截了当的说明，是列维纳斯伦理学的典范。这不是我的
争论（观点）。相反，朗兹曼作为电影人的某些关键方法与列维
纳斯设想的叙述模式并不吻合。我想指出的是，列维纳斯和朗兹
曼相互给对方提出的问题，可以改变我们对彼此作品的理解。在
本章的结尾，简要评论了列维纳斯关于电影和观众的思想的广泛
影响（反之亦然），集中关注影像作为自我与他者交界面的伦理
潜质。

列维纳斯：圣像禁诫与面貌

在颇受争议的早期论文《现实及其影子》（"Reality and its
Shadow", 1948）中，列维纳斯否认让-保罗·萨特提出的"介
入"文学，对第二诫进行了简短而影响深远的参照："偶像禁
令是一神教至高无上的诫命，是战胜命运的教义，是创造和天
启"。[1]三十多年后，列维纳斯在《对表现的禁令与"人的权
利"》（"The Prohibition against Representation and 'The Rights of
Man'", 1984）中再次回归这个诫条。但时至今日，这篇文章并
未引起评论家太多的注意。在文章中，列维纳斯用更耐心的方

---

1 Levinas, "Reality and its Shadow", 141.

式面对禁诫，并且将第六诫（汝不可杀人）结合起来，披露其
影响他哲学计划的程度。最先登载这篇文章的论文集，证明了
对禁令复兴的兴趣：《对表现的禁令》（*The Prohibition against
Representation*, 1984），精选了阿德烈（Adelie）和让-雅克·哈
希亚尔（Jean-Jacques Rassial）1981年在蒙彼利埃组织召开学术会
议的记录。会议期间，哲学家、心理分析家、作家、画家和电影
导演讨论了各自领域里对当前潮流实施禁令的后果。列维纳斯的
投稿以诫律作为讨论我们与他者的关系和责任的出发点。一开
始，他曾提醒诫律只适用于某些形象，并且不能脱离圣经和犹太
法典的语境，但最终仍然质疑它是否只能从宗教法则限制的意义
上去理解为单纯的压抑，[1]由此为禁令的复兴铺平道路，并且与
他宏大的伦理计划步调一致。列维纳斯的伦理计划，描述性多于
规定性。在他看来，犹太教心灵深处对人/物/存在（beings）的
肖像的疑虑，也可以解释为对某种还原的或者渴求的思想形态的
谴责——人们喜欢把可理解性（intelligibility）还原成知识。[2]在
争论的过程中，表现从多方面被重新描绘成"思考的思想"、
"思想及其他者的平衡"、"一种意向性"，甚至"通过毫不掩
饰的手段，具体而言，用指点江山的手指，对指派的任务进行主
题化"。[3]作为对这种思考形态以及"根深蒂固的内在性或无神
论"甚至"偶像崇拜的诱惑"的矫正，他在这个语境中区分了见
解和知识。列维纳斯努力想像一种"释放所有表现的思想"，推
定"意义先于表现"。[4]在关于禁止表现的语境中，尤其令人兴味

99

---

1 Levinas, "Interdit de la représentation et 'Droits de l'homme'", 107.

2 Levinas, "Interdit de la représentation et 'Droits de l'homme'", 109.

3 Levinas, "Interdit de la représentation et 'Droits de l'homme'", 108-110.

4 Levinas, "Interdit de la représentation et 'Droits de l'homme'", 108, 113.

盎然的是它承认适宜于他者关系的超越性，但是，这种超越性在知觉中被忽略了：

> 在与他人的关系中，这种超越性是活泼的。例如，在某人与伙伴的亲密接触时，伙伴的独特性（uniqueness）以及相应的他异性（alterity），在盯着（dé-visage）他者的知觉过程中，可能——或者已经——被无视了。[1]

这句话最后措词中的俏皮话（连字词dé-visage可以翻译成"盯着看"或者"面对面"）是有启发性的，因为按照列维纳斯的说法，"不能在表现中给予自己（give itself）的"就是只能通过面貌体现的"唯一的唯一性"（the uniqueness of the unique）。[2]在《总体与无限》中，列维纳斯将"面貌"描述成"他者由此表现自己的方式，超越了'我中有他'的概念"。[3]但他又解释说这个术语并非专指人的面孔。[4]它也不主要或仅仅暗指我们可见的东西。尽管列维纳斯对这个词语的用法与"想像"（vision）有关，但是他剥离了"脸"（face）的惯常意义——作为可见世界中的现象或者知觉的对象："你可以说脸不是'被看见的'。你的思想可以拥抱他，但它不是能变成内容的东西；它是不可控制的，它带你超越"。[5]列维纳斯阐明，面貌不仅向我们显现（appearing），而且表达、指事和言说，站在超越感知场

---

1 Levinas, "Interdit de la représentation et 'Droits de l'homme'", 110.

2 Levinas, "Interdit de la représentation et 'Droits de l'homme'", 108.

3 Levinas, *Totality and Infinity*, 50.

4 Levinas, "Peace and Proximity", 167.

5 Levinas, *Ethics and Infinity*, 86-7.

域的某个位置向我们说话或者发令。由此，它展示自己，"无须任何图像的中介"；的确，它不停地"破坏并且淹没它留给我们的可塑形象，这个按照我们自己的尺度存在的理念"。[1]列维纳斯在《对表现的禁令与"人的权利"》中进一步追索这些观念，宣称面貌的呈显"不顺从图像"："在脸貌（face/figure）所显现的可塑性之下，面貌（face/visage）已经不在了。它凝结在艺术本身之中"。[2]面貌是无法用表现捕捉的，表现可能将它简化成静止图像，重置它的他异性，湮灭它的谈话。弗朗索瓦·阿芒戈（Francoise Armengaud）为列维纳斯添砖加瓦，说面貌不仅是独一无二的，而且"本质上是不能复制的；它是唯一的，没有影子，没有拷贝，没有肖像"。[3]换句话说，它是他者的面貌，正好形成了禁止表现的基础和对象；它存在于自身的呈显，听从"闻所未闻的命令"或者"上帝的话语"。[4]

那么，简言之，列维纳斯明确地将伦理关系的概念放在圣像禁诫的基础之上："古代的、圣经的召唤与命令……唤醒了主体对他者的责任"。[5]不过，他对禁令的评论进一步揭秘了计划中的任务：试图在他的思想与电影表现之间建立联系。列维纳斯对面貌的解释——"不顺从图像"——给电影观众提出了一连串问题。[6]如果他者的脸逃避表现并且不能在图像中相遇；如果它既表达第二诫又表达第六诫，那么视觉媒介如何揭示他性（alterity）

100

---

1 Levinas, *Totality and Infinity*, 51.

2 Levinas, "Interdit de la représentation et 'Droits de l'homme'", 112, 110.

3 Armenguad, "Faire ou ne pas faire d'images. Emmanuel Levinas et l'art d'oblitération".

4 Levinas, "Interdit de la représentation et 'Droits de l'homme'", 112.

5 Levinas, "Interdit de la représentation et 'Droits de l'homme'", 113.

6 列维纳斯关于艺术、视觉和敏感经验的著作及其影响的讨论，参见Crignon, "Figuration: Emmanuel Levinas and the Image"。

或者用列维纳斯描述的方式唤起我们的责任？能不能想一些办法，让电影用这些办法向我们揭露这张脸，既不"丑化扭曲"也不"黯然失色"——不把它降格为知觉的对象？当他者的影像被捕捉到胶片上或者被转译成数据资料时，由脸所引起的对表现的禁令会不会遭到违拗？某些电影能不能挑战列维纳斯对禁令的理解？相应地，电影机构（cinematic apparatus）如何才能打破并且重塑一个列维纳斯的关系模式？电影不能效仿面对面的"直接性"和"自发性"。列维纳斯认为摄影机干扰了他者性并且操纵了我们的看法。另外，正如本书其他部分提到的，对于机构，有影响的心理分析的解释习惯于将观众置于一个主导性的位置，比他观看的对象更优越。这种范式颠倒了列维纳斯关于冲突者之间的不对称结构。在列维纳斯的结构中，正是他者对自我提出了质疑。正如库珀的观察，受列维纳斯启发的观看理论，可能必须要设想一种超越主体/客体关系的空间，这对他者性的敞开是决定性的。[1]什么样的观看关系可以保证亲近和距离的分寸？恰好适合列维纳斯所谓的"一种不能简化为主体-客体关系的关系：他者的呈显"？[2]

---

1 Cooper, *Selfless Cinema?*, 19.
2 Levinas, *Totality and Infinity*, 73.

朗兹曼：说话的脸与迷失的身体

为了在具体的语境中处理这些问题，我现在回到朗兹曼这部关于死亡生产线的影片《浩劫》，该片长达九个半小时，结尾是毒气车或者纳粹集中营的毒气室。《浩劫》是由脸的影像（幸存者的、作恶者的以及旁观者的）和地方（杀人现场以及重访的场景）主导的。它打破了先前有关集中营的电影所确立的传统，使用演员、场景或者影像档案，让人想起了历史却没有重现过去。历史的影像被朗兹曼抛弃了，因为这些留下来的影像很少与大屠杀直接相关，而他颇受争议地认为重现过去会不可避免地虚构并且驯化这种重大事件的后果。在他对《辛德勒名单》（*Schindler's List*, 1993）火力全开的批评中，朗兹曼总结了他关于表现的主要疑虑：

> 首先，在它自己的周围，在一圈火焰中，大屠杀是绝无仅有的，一种无法打破的极限，因为某种绝对的恐怖是无法传递的：要求这样做就是要使自己进犯这种最严重的罪过。杜撰是一种罪过。我深切地认为存在对表现的禁令。[1]

虽然朗兹曼在其他地方声明他无意维护禁忌、保存戒令或者神化事件，[2]但是很多评论家在上述那种话语中听到了第二诫的回音，在他的电影中看见了视觉化的虔诚的世俗形态。[3]无论我们是

1　Lanzmann, "Holocauste, la représentation impossible", vii.

2　例如，Lanzmann, "Parler pour les morts", 14.

3　例如，Lacapra, *History and Memory after Auschwitz*, 100.

否接受对《浩劫》的这种解读——与导演自己的解读不可调和，深受他自己的影像以及电影之外的评论影响——朗兹曼对表现及其贬低或者违拗客体对象的能力的疑虑，为深入他的电影提供了贴切的列维纳斯式的突破点。不过，至少在某个显然非常重要的方面，朗兹曼对圣像禁诫的反应与列维纳斯的截然不同：虽然导演抛弃了过去的影像，但是他创造并且增加了现在的影像，拥抱视觉表现，是为了反思其从内部发觉的限制。

在考查《浩劫》中暗示这些限制及其伦理意义（它们为此饱受指责）的方式之前，重要的是分辨由电影确立的两类关系：一类是朗兹曼与其电影的主体之间的关系，与列维纳斯的原则难以调和；另一类是影片与观众之间的关系，在我看来，似乎与哲学家的先入之见更加合拍。《浩劫》围绕朗兹曼的个人执念建构全片，既是关于其导演的影片也是关于其他什么事情的影片（可以争论），因为他所引出的很多证据都容易受到他自己的想像和议程的引导和塑造，比如，议程经常会压倒采访对象。关于影片的批评和争议，大部分都怀疑朗兹曼对采访对象明显带有操控性或者强制性的处理方式所造成的伦理后果，例如，在违背采访对象意愿的时候继续拍摄，或者采取欺瞒手段。[1]无论他的目的能否证明他的手段合不合理，对这些手段采取列维纳斯式的批评，都会指责朗兹曼重新利用/解释他的见证人及其证词的他性（alterity），到了不允许见证人给他的地位带来任何风险的程度。

如果对《浩劫》作列维纳斯式的解读必须面对朗兹曼的自我定位——作为电影导演、采访者、在某些情况下作为摄影师，那

1　例如，Todorov, *Facing the Extreme*, 275-76.

么，在当前语境下，最切中肯綮的问题是：这样是否将他的主体降格成了知觉和知识的对象？或者，他们是否抵制这种做法？是如何抵制的？朗兹曼调动我们的视觉走近他的见证人，主要是利用中近景或者特写镜头拍摄他们的脸。无论好坏，脸长期以来都是电影偏爱的主体。通过特写，脸在电影中变成了一种奇观，变成不言而喻或者无以言表的真理的化身，变成普遍的能指，它的意义不可动摇或者永无穷尽。[1]在朗兹曼的镜头下，德国和波兰的作恶者以及旁观者的脸变成了大量微型运动的场所，对见证人的证词做出了沉默而又富于启发性的评价。在这些采访过程中，面部的特写有时发挥了测谎器的作用，揭露了似是而非的矛盾、半真半假的话语，或者厚颜无耻的谎言，这些都可能打断见证人的解释。不过，幸存者-见证者的脸的影像，表达的意思各不相同，通过不断地拆除脸的神话——作为内心状态的诚实表现，与真实具有特殊关系——打破了上面提到的电影传统。虽然对《浩劫》中的见证人的脸做任何程度的总结，都冒着拒绝承认每一张脸都有不可化约的特点的风险，但最令人感到不安的是很多幸存者——尤其是西蒙·斯布尼克（Simon Srebnik）、鲁道夫·弗尔芭（Rudolf Vrba）、菲利普·穆勒（Filip Muler）和亚伯拉罕·邦巴（Abraham Bomba）等人——习惯性的处变不惊的泰然自若的表情。摄影机镜头反复在这些脸上徘徊，带领我们从中扫描洞察过去与现在的观点，甚至当见证人正在回忆极度痛苦的遭遇时，他们的脸也往往是毫无表情、无动于衷的，同时也是难以读解、含义丰富的。很多被放逐的人仔细回忆过纳粹集中营曾经强

---

[1] 关于银幕上的脸的特殊地位以及发展变化的含义，相关分析可以参见Aumont, *Du visage au cinema.*

加在人类脸上——既实指又虚指——的暴力。[1]凭借这些证言，
南希（Nancy）大胆推测"对集中营进行表现的问题不是别的，
正是对脸的表现的问题，而脸本身被剥夺了表现和凝视（的权
力）"。[2]虽然没有明确提到列维纳斯，南希的观点在这个节骨眼
上让人想起了列维纳斯用来质疑表现的"面貌"观念。在一个层
面上，如果《浩劫》中的幸存者的脸证明了侮辱和贫困持久的影
响，那么，在另一个层面，他们也证实了表现的限制，既在于他
们抵制任何确定性的读解，也因为他们在关键时刻拒绝透露任何
事情。这些影像最终没有给我们任何通融，无论是就见证人还是
就他们讲述的创伤经历而言。由于缺乏关于过去的直接影像，这
些幸存者的脸变成了呈现创伤的场所，进一步确认了对直接表现
的禁令。通过这种方式，可见的脸表现了不可见的事，尽管不可
见的事往往会逃避我们的观察、想像和理解。澄清一下：这并不
是要暗示《浩劫》中的幸存者的真实的、人类的脸可以被读解为
对列维纳斯所谓"面貌"的表现，它超越并且废除了我们试图用
它构成的任何影像；相反，这里最令我关心的是这些脸拒绝被简
约成可视现象、知识源泉、审美思考对象的各种方式以及保护他
性敞开的可能性。

　　对于这种敞开，语言具有决定性的作用。朗兹曼重申表现
禁令的重要手段之一，就是坚持不懈地强调语言/文字比影像更
优越。虽然朗兹曼像列维纳斯一样对非语言的表达形式（例如在
很多时候，见证人陷入了沉默，摄影镜头还坚持在他们的脸上徘
徊逡巡）的伦理意义很感兴趣，但是语言及其与他性的关系同时

103

1　例如，Antelme, *The Human Race*,52-53以及Levi, *If This Is a Man*, 103.
2　Nancy, "La représentation interdite", 92.

对两人产生了先入为主的关键作用。[1]在《总体与无限》中，说话（speech）被当作与他者的伦理关系的重要成分和表达方式："脸在说话。脸的表现已经在交谈"。[2]另外，在同语言的关系中，"最根本的是质询和召唤"，保证他者处于"自己的异质性"中。[3]与列维纳斯的关心一致，《浩劫》对它的观众讲话，唤起创伤性历史的他性，主要是借助话语和叙述。影片质询我们，不仅把我们当作观众，而且（也许最重要地）把我们当作听众。见证人的出现，首先而且最重要的是作为语言之源。他们是正在说话的脸，正在谈话的头，拒绝仅仅成为我们视觉感知的对象。朗兹曼赋予听觉对于视觉的优越性——要想进入过去，口述模式优于观看模式——与列维纳斯的思考协调一致了：面貌自我呈显的方式，以及它所表达的对表现的禁令。在《浩劫》中，通过画面与声音之间的，或见证人所描述的暴行与他们现在重访时空旷的、废弃的、看似平静的杀人场所之间的分离/反意关系，"圣像禁诫"得以重申。此外，正是通过口头证言，《浩劫》呈现了那些缺席的脸——逝者缺失的脸——虽然朗兹曼不能呈现或者没有呈现，但他们的经历也是这部影片重要的主体。如果《浩劫》邀请我将幸存者的脸读作一块屏幕（根据"屏幕"一词的双重含义，一是用来投映动作的空空的表面，一是用来遮挡动作不让看见的障碍），读作幸存者的言说，那么，电影的银幕就开启/通向了一张列维纳斯伦理学意义上的脸，它使注意力超越了自身，导向了影像无法复原的他者性。

1　关于列维纳斯给予非语言交流形式的优先地位，参见Critchley, *The Ethics of Deconstruction*, 177-180.

2　Levinas, *Totality and Infinity*, 66.

3　Levinas, *Totality and Infinity*, 69.

结　语

　　有点荒谬的是，《浩劫》将列维纳斯对肖像的顾虑——天生具有背叛和歪曲的潜能——转移到了视觉领域。但在这样做时，它也进行了修饰和限制。一方面，影片附和了列维纳斯的警告：视觉表现易于僵化或者破坏他者性，并且暗示大屠杀的事件尤其容易受到这样的歪曲。尽管列维纳斯和朗兹曼两人都在各自的著述中讲到了对影像不言而喻的禁令，但是影片没有那么教条、迂腐；影片没有细致地呈现禁令，而是通过它的省略和拒绝，传达了它对暴力影像的怀疑。另一方面，这种对视觉的视觉批评同时挑战了列维纳斯对肖像的拒绝和对艺术的疑惧。《浩劫》向我们呈现了一套策略，采用这套策略，依据列维纳斯的说法，影片就能把我们呈现给他性，而不对他性进行驯化或者简单地抹煞。从这个意义上讲，它预见了列维纳斯的暗示：第二诫可能不是单纯压制性的束缚，相反，它可能是一种认可，表示要先于或者超越想像（vision）、知识和可理解的事物。

　　虽然我们可能在列维纳斯和朗兹曼的课题中发现很多共同之处——源于他们都对某种固定形态的极大危害非常担心——但同样重要的是，承认他们之间也有重重矛盾。朗兹曼对待某些采访对象的方式，提出了有关被拍摄主体的许可和权利的问题（正如本书绪论和第1章所述，这是在讨论纪录片中的伦理时广泛争论过的），但是它与列维纳斯赋予"伦理"这个词的含义关系不大。不同于列维纳斯的著作，《浩劫》并不认为伦理学要高于认识论，也没有赋予他者（other）对于自我（self）的优越性。在影片中，对列维纳斯概念化的他者性的无限责任，服从于对历史

104

知识的追求，而历史知识则受政治议程影响。《浩劫》饱受争议的盲点——举两个例子，法国同驱逐行为由来已久的共谋，以及集中营里妇女的经历——可能被解释为它只关注灭绝机制所造成的结果。不过，它在某种程度上令人想起列维纳斯对巴勒斯坦人是否可以占据"他者"位置的含糊其辞，影片中的省略限制了责任的范围。列维纳斯在其他地方坚持认为，责任的范围应该被理解为无限的。[1]至少，根据列维纳斯的观点，朗兹曼对政治议程的看重，尤其是在这些语境中，导致了对伦理责任的逃避。

　　另外，虽然我坚持认为《浩劫》将它的观众暴露给了他性（alterity），但这并非暗示它——或者任何影片——展现了观众与列维纳斯设想的影像之间的伦理冲突。列维纳斯设想的影像，不能被理解为经验性的事件。正如雷诺指出的，"鉴于捕捉的条件以及统摄非虚构媒介的可复制性，我们可以想像没有任何纪录电影的实践可以达到列维纳斯所谓的冲突的标准，模拟出比知识更好的思想形态"。[2]从拍摄过程到观影过程的延迟，被摄影像主体的缺席，以及影像的再生性，都造成了电影难以再造（主体）与他者之间不可预料的、直接的、独特的、令人畏怯的冲突。列维纳斯的伦理学就源于这种冲突。我想在此努力证明，《浩劫》通过多种方式重新协商了在观影的自我与被想像的他者之间的关系，深刻地回应了列维纳斯的思想而不是其他的哲学探索路径。我曾在前面指出，一种列维纳斯式的观看关系，可能与心理分析学说对电影机制的解释大相径庭。《浩劫》不愿让我们的视觉接近过去，并且更加看重口述的证词，由此打破了博德里、麦茨和

105

1　Levinas, "Ethics and Politics", 294.

2　Renov, *The Subject of Documentary*, 157.

穆尔维在权威论述中概括的客观化机制（主要以分析经典的叙事电影为基础）。朗兹曼的影片扰乱了主权和超越性在这些学说中赋予观众的虚幻立场。与列维纳斯的著作一样，影片试图另外设想一种"不能简化为主体-客体关系的关系"。[1]准确地说，通过阻碍我们的想像、挫折观看的欲望，《浩劫》介入了我们的凝视，并且用伦理来对它进行批评。关键的是，对影片做列维纳斯式的解读，有助于我们厘清这个过程中的伦理动力。

因此，为什么要把列维纳斯引入电影？本章已经强调了他的思想与某种影片（非常罕见地慎言表现）的一致性，并且展示了前者将后者的伦理维度变成关注焦点的方式。但是，正如开篇所言，列维纳斯的见解更多地被用于来自不同历史、知识和文化语境的对视觉的态度明确的电影。这种电影比《浩劫》更加直截了当，质疑列维纳斯将他所谓的"想像的永远处于当前的秩序"视为内在的总体化的做法。[2]顺着列维纳斯看电影，总会在一定程度上逆反其著作打破偶像的冲动。如果我们要避免贬低媒介（出于自律）的特殊性，以及在某些方面避免抵触理论议程，那么，这种协商是根本必须的。列维纳斯对想像（vision）的贬低，与他的伦理观念如此紧密地绑在一起，激励我们用不同的眼光看待银幕上的影像，找到它们的存在（being）中他性可以乘势而入的裂隙。反之，电影可以恢复想像，不再把影像当作利用的工具；可以呈现他者，不再把他者降格为自我的投影；可以设想一种伦理的透视镜（optics），同时照亮可见与不可见；由此种种，我们改变了对列维纳斯的读解。

1　Levinas, *Totality and Infinity*, 73.

2　Levinas, "The Servant and her Master", 157.

6

解构的伦理学：德里达、德莱叶
与责任

107   在卡尔·西奥多·德莱叶（Carl Theodor Dreyer）的著名影片《诺言》（*Ordet*, 1955）中，一个因为阅读克尔凯郭尔（Kierkegaard）而陷入疯狂的神学院男生相信他自己就是耶稣。约翰内斯（Johannes）的自称遭到了家人的怀疑和嘲笑，直到最后的高潮段落，他才好像基督显灵了，让他的嫂子死而复生。乍一看，我们很难理解这个结局。它与影片的现实主义风格、理性主义视角、对宗教神秘主义充满怀疑的描写都不相吻合。"圣迹/显灵"似乎妨碍了叙事的统一，而不是通过宗教救赎带来了完满的结局。再者，直到最后一场戏，约翰内斯自我感觉的对上帝的义务好像与他对家庭的责任发生了冲突，让人想起了克尔凯郭尔在

108 亚伯拉罕和以撒的圣经故事中发现的"为了终极目的而悬置的伦理"（Teleological Suspension of the Ethical）。[1]在《死亡的礼物》（*The Gift of Death*, 1999）中，德里达借鉴克尔凯郭尔，试图证明绝对的、无限的责任（由亚伯拉罕面临的忠诚考验集中体现）如何与一般的责任相抵触：我们之于其他人的伦理义务。在德里达世俗的说法中，"关于亚伯拉罕与上帝之间可以说的关系可以说就是关于我与每一个作为他者的他者没有关系的关系"。[2]但是，如果每一个负责任的行为都牵涉到忽略其他责任，用德里达的话

---

1 Kierkegaard, *Fear and Trembling*, 46.

2 Derrida, *The Gift of Death*, 78.

说，这是一种暴力，那么我们怎能决定做什么呢？下面，我将研究德莱叶的电影和德里达的文本如何解决这个问题。

本章较为宽泛的目标是要提出一些方法，通过这些方法，德里达的著作对我们理解电影与伦理有所帮助。考虑到德里达的著作过去五十多年在欧美的深远影响，它们没有对电影研究发挥多少决定性的作用，的确有点令人吃惊。由于后结构主义变成了西方人文学院的主导性理论范式，电影理论吸收了德里达的一些观点，通过女性主义、酷儿理论和后殖民理论迂回曲折地利用文本性和主体性的解构主义学说。然而，不同于它们在文学研究中的对应情况，相对而言，很少有电影学者直接介入德里达的原文。在电影理论中，德里达的作品已经被描述为"结构性的缺失"，他对电影批评的影响还是零碎的、局限的。[1]对此，可能的原因之一在于，至少，他早期的著作好像更加看重语言而不是想像（vision）和知觉。列维纳斯对视觉的怀疑在德里达这里激起了回音。德里达证明了"在场的形而上学"（metaphysics of presence）思想扎实的总体化模式如何过度地投入光线和视觉的隐喻。正是为了解构这种总体性，德里达反复地回到盲目的母题（motifs of blindness），通过证明想像总是可能受到自身的否定性的威胁，从而打破了同一性（sameness）的逻辑。[2]结果，在很多理论家看来，德里达的解构可能不如拉康的心理分析那样欢迎

1　Lapsley and Westlake, *Film Theory*, 65. 德里达对英国的《银幕》杂志的影响，曾经被拿来与"银幕外空间"或者"在水中从未冲出表面的鱼"进行比较（Easthope, "Derrida and British Film Theory", 189, 187）。除此普遍的潮流，还有两个重要的例外：Brunette and Wills, *Screen/Play*以及Smith, "Deconstruction and Film".

2　例如，Derrida, *Memoirs of the Blind*以及"Letters sur un aveugle"，载Derrida and Fathy, *Tourner les mots*, 71-126.关于德里达对视觉主题的暧昧态度，参见Jay, *Downcast Eyes*, 498-523.

电影，后者常常求助于视觉的情节。[1]

直到现在，德里达对电影研究有限而且并非直接的影响，可能引起两种误导的印象：首先，电影不在他的关注范围之内；其次，他研究其他问题的著作与电影领域里的争论无关。不过，尽管他对想像的总体化形态抱有敌意，德里达还是经常分析视觉表现，有时还将它们吸收到自己的文本中。另外，在生涯的最后十年，他与别人合著了一本书，发表了一系列访谈，全部或者部分地与电影相关。[2]他还在几部电影中露面，包括《鬼舞》（*Ghost Dance*, Ken McMullen, 1983）、《德里达》（*Derrida*, Kirby Dick and Amy Ziering Hoffman, 2002）以及最著名的《再说德里达》（*D'ailleurs Derrida*, Safaa Fathy, 2000)。德里达关于电影影像的思考复苏了与其他著作相似的主题，包括哀悼、踪迹、证言、信仰、盲目，以及最频繁的幽灵或者鬼魂："为了理解电影，我们必须把幽灵与资本放在一起思考，后者本身就作为一种鬼魅的现象存在"。[3]他假设在电影与幽灵性（spectrality）之间存在的联系，暗示了媒介的政治维度和伦理维度（从德里达赋予这些术语的意义上讲）：它扰乱历史时间，把我们换到一个开放的、不可预知的未来，唤起绝对的他者，打破在场与缺席之间的对立的潜力。[4]不过，虽然德里达关于电影的讨论是本章的出发点，但我关注的焦点还是他对传统的伦理概念的反思。这里讨论的文本很少提及活动影像，但是本章提出的一些方法，熔铸了德莱叶影片中的思

1　Brunette and Wills, *Screen/Play*, 16-21.比较了德里达和拉康对电影理论发展的影响。

2　例如：Derrida and Fathy, *Tourner les mots*; Derrida and Stiegler, *Echographies of Television*; Derrida, "The Spatial Arts"; Derrida, "Le Cinema et ses fantomes".

3　Derrida, "Le Cinema et ses fantomes",79.

4　在*Spectres of Marx*(1993)中，德里达深入地讨论过幽灵、政治和伦理。

考，一定会丰富我们的观察。

德里达与伦理学

反复针对解构的指控之一就是它从伦理的角度看来不负责任，或者在面对我们时代急迫的道德问题时，至少是逃避的和反启蒙主义的。德里达的批评者们已经抗议过：他的"延异"（différance）和"不可决定性"（undecidability）概念动摇了伦理行为的基础，并且导致了道德的相对主义。在他学术生涯的大部分时间里，德里达对伦理主题的介入是间歇性的，甚至是拐弯抹角的。然而，在他生命的最后二十年，尤其是在与保罗·德曼（Paul de Man）的争议之后，他开始经常性地转向政治和伦理议题，并且尽力证明这些问题是与解构事业密不可分的。正如本书绪论提到的，德里达在列维纳斯的著作中发现了某种伦理，它既遵守又怀疑西方的形而上学传统。不过，德里达的解构性读解试图表明列维纳斯描述的伦理关系如何克制/容纳它自身内在的背叛的可能性。在《总体与无限》和《另类存在或者超越本质》中，列维纳斯影射了"第三者"（the figure of "le tiers"），即"面对他者看着我"的那个第三人，并且指向了公正、平等和人性等问题的双向不对称关系，即使它们是根据友爱互助来设想的。[1] 在《欢迎词》（"A Word of Welcome", 1997）中，德里达强调了"第三者"的似是而非的含义："在它绝对而且不可还原的特点（singularity）中，脸的唯一性仿佛是先验的复数（plural a priori）"。[2] 根据德里达的观点，第三者提供保护，预防伦理暴力，但在这样做时，它威胁了同唯一（the unique）的纯洁关系。以这种方式，它把我们变成了"双重约束"（double-bind）：

> 如果与唯一面对面，涉及我对他负责的无限伦理，就像某种"信前起誓"（oath before the letter），一种无条件的尊敬或者忠诚，那么第三者（the third）必定会出现，当然包括正义，发出一种原初的伪证（perjury）[parjure]。[3]

110　由于第三者出现在脸上，这种伪证是原始的。那么，用德里达的说法，伦理学一开始就遭到反对、妨碍或者否定它的东西困扰，因此，任何一种想把它树立成主导话语（master-discourse）或者总体性的尝试，都应该由怀疑的眼光来审视。正如正义被证明是以某种原始的伪证为基础的，其他伦理概念也一样，被揭示出遭到了非伦理的玷污。在德里达自1980年代以来的文本中，有关决定和正义的问题，责任、友好和宽容之类的美德，礼物、承诺和考验等观念，都是根据这种双重约束来分析的。

　　虽然德里达致力研究的伦理话题深深地扎根于犹太–基督传

1　作为语言的面部表情，不会与优选的存在妥协。优选的存在，傲慢的'我–你'，健忘了世界……第三方以他者的面孔看我，语言即正义……面对面的顿悟，敞开了人性 (Levinas, *Totality and Infinity*, 213.)

2　Derrida, *Adieu to Emmanuel Levinas*, 110.

3　Derrida, *Adieu to Emmanuel Levinas*, 33.

统，但他的目标是想像伦理在没有先验的保证时会怎样。在《死亡的礼物》中，他思考了宗教虔诚与伦理责任之间的关系。沿着他在其他著作中启动的调查线索，德里达有点反直觉地认为责任应该"超越征服和知识"；虽然它可能像是这样的——要做出负责任的决定，我们只能以自己知道的情况为基础——但是这种知识会做出按部就班的决定，因而，按照德里达的标准，这个决定可能是不负责任的。[1]从这个意义上讲，一个负责任的决定总是需要绝对的忠诚，或者（从另一个角度看）瞬间的疯狂。另外，在德里达看来——此时，他面对的是杨·帕托切克（Jan Patocka）的评论——基督教义对于责任的系谱非常重要，因为它给我们提供了一个"在向他者的凝视敞开时像海一样渊深的不对称"的主题，以及"死亡的新意义，对死亡的新理解，把自己托付给死亡或者让自己赴死的新方法"。[2]紧随列维纳斯，德里达声称责任"需要不可替换的特点（singularity）"，并且只有对死亡的预感，无论是我们自己的还是他者的，可以帮助我们体验这种不可替代性。[3]为了说明责任的含义的特点，德里达转向了克尔凯郭尔在《恐惧与战栗》中对亚伯拉罕愿意牺牲自己的儿子来回应上帝的要求的讨论。根据任何传统的伦理标准，一个丢脸的决定，在克尔凯郭尔看来（此时，他是在反驳康德和黑格尔），它的道德是：依照普遍的伦理行事，可能导致我们忽视自己对上帝负有"更高的"或者"绝对的"义务。[4]在德里达对克尔凯郭尔的评论中，亚伯拉罕的困境揭示了"伦理的'不负责任'"：

1　Derrida, *The Gift of Death*, 8, 25-6.

2　Derrida, *The Gift of Death*, 29-32.

3　Derrida, *The Gift of Death*, 51.

4　Kierkegaard, *Fear and Trembling*, 61.

作为普遍责任（responsibility *in general*）与绝对责任（*absolute responsibility*）之间不可调和而又模棱两可的矛盾。[1]在德里达看来，《圣经》中这个极端的例子提出了关于日常责任经验的深刻见解："我不能响应号召、要求、义务或者甚至他者的爱而不牺牲另外的他者（们）"。[2]德里达推测，"责任、决定、义务等概念被判定为先验的悖论、闲扯或难题"，因为就它的特点（singularity）而言，责任总是背叛或者牺牲了伦理这个替换和普遍化的领域，[3]为了负责，我必须做决定，但是我的决定可能永远都不够负责。

111　　典型地，德里达的结论中有一些模棱两可的话，例如，亚伯拉罕被描写成"最道德同时又最不道德、最负责任同时又最不负责任的男人"——这意味着我们该不该效仿他的榜样呢？[4]我们被告知，伦理"必须以责任的名义牺牲"，而这种牺牲必须同时承认、确认并再次确认伦理；但是德里达没有解释如何在实践中实现这个目标。[5]评论家们也指出了他的论点中内在的矛盾。多米尼克·莫兰（Dominic Moran）认为，德里达不仅依赖"善"与"恶"之间的传统区分，这是他着手解构的；而且自相矛盾，坚持认为每一个决定的特点只是为了表现亚伯拉罕（暗含）的范式。莫兰问："通过绝对责任的个案研究，对不可举例的进行举例论证，德里达难道没有禁止或者阻碍人们接受它？这没有让他的整个责任反思计划变得不负责任？"[6]同时，莫兰和其他批评

1　Derrida, *The Gift of Death*, 62.

2　Derrida, *The Gift of Death*, 69.

3　Derrida, *The Gift of Death*, 69.

4　Derrida, *The Gift of Death*, 73.

5　Derrida, *The Gift of Death*, 67.

6　Moran ,"Decisions, Decisions", 120.

者也不赞成德里达不愿指出解构的伦理怎样用于具体的情境。有
关例证和应用的问题贯穿本书，尤其是在第2部分，我们要研究
电影与伦理的理论话语之间的交集。虽然电影为我们提供了关于
伦理和非伦理的态度和实践的例子，我们还是强调利用电影只
是为了说明充满风险的哲学立场，因为这可能暗含着电影要服
从于哲学的等级，并且导致对个别电影进行选择性的、毫无力量
的解释。在有关列维纳斯和德里达的章节中，这种做法肯定是毫
无意义的，因为伦理的特点是无法举例证明的（例如，与康德的
普遍伦理学和齐泽克的拉康式伦理学相反，后者总是以希区柯克
的电影为例进行说明）。另外，电影影像固有的再生性拒绝"独
特"的体验。正如本雅明所言，机械复制剥夺了艺术作品的"光
晕"，那么电影技术也取消了伦理冲突的唯一性和不可替代性。
从这个角度看，德莱叶的影片非常有趣，因为它们探索了不可还
原的独特的宗教经验与电影技术天生的多样化的功能之间的矛盾
张力。[1]

带着恐惧与战栗：《圣女贞德受难记》

　　德莱叶是一个在新教环境下工作的人道主义者，他被基督的

---

[1]　对于《圣女贞德》（*The Passion of Joan of Arc*），肖恩·德斯勒（Sean Desilets）也
　　有类似的说法："神秘主义绝对是一种奇特的经验"（"The Rhetoric of Passion"，
　　78）。

主题迷住了。让德莱叶的影片与德里达的反人道主义的、世俗的伦理学说对话，一开始好像有点不合直觉。不过，这些影片所痴迷的很多主题都出现在《死亡的礼物》中：宗教、信仰、牺牲、责任以及生命与死亡之间的关系；德里达和德莱叶对这些话题的处理方式都深受克尔凯郭尔的存在主义思想影响。另外，德莱叶
112　电影中的叙事和视觉肌理显示了足以破坏总体化人道主义或者宗教阐释的裂隙/分歧（gaps）和过分（excesses）。大卫·波德维尔（David Bordwell）指出，针对德莱叶作品的批评文章主要采取了三种鲜明的途径（宗教的、人道的和美学的），并且进而感叹批评者"驯服"电影的倾向——故意忽视与他们偏爱的阐释不相一致的各种元素。[1]下面的分析认为《圣女贞德受难记》（*The Passion of Joan of Arc*, 1928）和《诺言》同时质疑基督教义和人道主义对伦理议程的理解，从而扰乱了那些固定的分类范畴。两部影片都描写了德莱叶电影中反复出现的主题——女性对父权的基督文化的顺从——并且批判地指向电影对这种意识形态的妥协，同时继续运行其中。两者都维护了一系列性与性别动机的典型。在马克·纳什（Mark Nash）对《格特鲁德》（*Gertrud*, 1964）的分析中，弥漫在德莱叶文本中的"麻烦"是被压抑的双性恋问题。[2]根据德里达的暗示，我想在此格外关注两部影片中由相互抵触的责任观念——独特的与普遍的、宗教的与伦理的——所造成的"麻烦"，以及它们与父权暴力之间成问题的关系。

　　《圣女贞德受难记》曾经被描述为"一部强烈而歧义的宗教电影"。[3]凭借关于审判的历史档案，这部影片重现了贞德

1　Bordwell, *The Films of Carl-Theodor Dreyer*, 1-3.

2　Nash, "Notes on the Dreyer-Text", 87.

3　Heath, "God, Faith and Film", 94.

（Joan）生命的最后几小时，期间，她先是遭到了倾向英国的神职人员审问，被认定是异端，最后被绑在火刑柱上活活烧死。影片戏剧化地表现了贞德所经历的神圣、孤独而又痛苦的思考过程以及她对死亡的警觉态度。通过思考，她决定牺牲自己的生命。虽然一开始就向观众透露了贞德的决定的后果，但是影片着力描写她的犹豫不决和突然爆发的困惑，强调贞德自己并不知情。这就预示着德里达对决定的思考：决定是在恐惧与战栗中而不是在知识中做出的一种忠诚的世俗行为。在影片的核心，就是德里达所谓的"基督责任令人畏惧的神秘"（*mysterium tremendum*），超然的他者的非对等凝视，以及作为令人畏惧的神秘体验的牺牲的礼物（the sacrificial gift）。[1] 整部影片都在强调贞德作为人所感受到的恐惧和痛苦；就此而言，她不同于罗伯·布莱松（Robert Bresson）的影片《圣女贞德的审判》（*Le Procès de Jeanne d'Arc*, 1962）中超自然的神圣的女英雄。德莱叶的贞德不仅背负着精神的使命，而且承担着世俗的任务，即她对她的国王和法国人民的政治义务和伦理责任，正如我们将要看到的，影片利用她的斗争来调和这两种要求。通过它的双重焦点——贞德的精神性和人性，她对超越世界和内在世界的义务——《圣女贞德受难记》预示了德里达对责任之悖论逻辑（aporetic logic）的思考，尽管它再次将一个女人放置在这个悖论的中心。

　　贞德的决定，是通过她的脸（静止的特写画面）来讲述的。她的脸常常偏离了画框的中心，但却构成了整部影片的道德和精神中心。玛丽·安·多恩（Mary Anne Doan）把《圣女贞德受难记》看作某种电影类型的缩影——利用面部特写挖掘文化

113

1　Derrida, *The Gift of Death*, 9.

和认识论对"表面与深度、外在性与内在性之间的对照"的"敏感性"。[1] 面部特写通常是在空白的背景下拍摄的。空白的背景强化了它的表达性。贞德（法奥康涅蒂）的脸外化了她内心的挣扎，并且很可能取消这种对照。看似透明的背景，保证了贞德遭受痛苦的真相以及崇高的想像（vision）。由此，贞德首先看起来是自主的、统一的人道主义主体的完美化身。正如锡恩·德西莱（Sean Desilets）指出的，批评家们喜欢把她看成一个在语义学上稳定的对应物，反衬出她周围的混乱。凭借特写镜头、破坏性剪辑、尽量避免远景镜头，影片解构了叙境空间（diegetic space），唤起了稳定与混乱的对照。[2] 与亚伯拉罕的忠诚行为不同，贞德的"死亡礼物"没有拖累她，没有让她直接对抗世俗的伦理秩序，也没有要求她违背联系她和人民的纽带。相反，对这种秩序的威胁，来自教会的冷酷、恶毒和伪善。摄影技巧和剪辑手段突出了贞德的伦理纯洁性，将她与法官分开拍摄，避免麻烦的视线匹配，坚决表现她拒绝与暴力秩序苟且合作。因此，乍一看，贞德的世俗责任和精神使命，或者（用德里达的话说）她对他者甚至其他所有人的伦理责任，"伦理或政治的通则"，好像在相互加强。[3]

不过，到了影片的最后三分之一时，贞德内心的精神戏剧突然陷入了公开的社会环境（social milieu），这两种秩序之间的裂缝被打开了。贞德被人用担架抬到一座公墓外面，继续面对审判和叱责，已经有一群人聚集在那里准备围观。在一连串简练的中景镜头中，我们瞥见作为无名之辈的市民，常常处于封闭构图

1　Doane, "The Close-up", 96.

2　Desilets, "The Rhetoric of Passion", 57.

3　Derrida, *The Gift of Death*, 5.

的边缘，旁边还有英国士兵在警戒。当教士埃拉尔（Erard）企图说服她在改宗书/悔过书（recantation）上签字时，贞德抗议说："我没有伤害任何人。"她坚持认为她的宗教信仰和伦理原则是一致的。另一个教士洛伊塞勒（Loyseleur）采取了不同的劝说手段："你现在一定不能死。你的国王还需要你的帮助。"洛伊塞勒的话与贞德的主张相抵触，撬开并且分裂了她对上帝的义务与她对国家和人民的伦理-政治责任，之后她很快就签字了。在囚室里，贞德的头发已经被剪掉了。接下来，影片在贞德的囚室和露天市场之间交叉剪辑，对比呈现她的羞辱和市民的庆祝。在收回了她的改宗书之后，贞德被带到外面执刑，人群围着火刑架转圈。贞德抓住一个十字架贴着自己身体，这组画面被交叉剪辑到婴儿在母亲怀里吃奶的特写镜头中。火已经点起来了，影片继续在贞德和人群之间跳切，摄影机用特写在不同的脸上摇摄，捕捉怜悯和恻隐的表情。由此，剪辑手段在贞德的挣扎和市民的痛苦之间建立了联系。现在，人群被摄影技巧做了个人化处理。不过，在这个段落中，正如整个影片一样，贞德始终没有和市民交流过，甚至没有出现在同一个镜头中（除了那个给她递水的老年妇女）。当贞德在外面与埃拉尔交流时，她被呈现在一个空白的背景前面，同在室内的场景一样。最后时刻，她一个人靠着火刑柱，与周围群众的疏离感再次被他们绝非偶然的视线加强了。

114

　　一方面，剪切将贞德的戏剧置于社会语境之中；另一方面，场面调度和单个镜头的构图好像要讲一个不同的故事，将她的精神使命从人类交流和社会亲属纽带的伦理领域中转移出来。故事的表层逻辑兼顾了她对上帝和法国人民的责任；贞德的"死亡礼物"激励市民反抗占领者。在这种解读中，贞德的忠诚行为，将她塑造成旁观的市民眼中典型的伦理的女英雄。市民在银幕上的旁观行为，可以被替换为观众的观影过程。不过，拍摄贞德所采用的方式，将她的经历抽离了语境，强调她同德里达（仿照克尔凯郭尔）所谓的"伦理通则"（ethical generality）之间的疏离[1]，从而打破了上面这种解释。在影片的最后几分钟，这种普遍性得到突出，并且在骚乱的群众遭到卫兵的殴打和屠杀时，占据了整个构图/画面。由于贞德的牺牲而被放泄出来的急剧的暴力，表明她的精神使命和世俗责任不相一致，荒诞地回应了她的迫害者洛伊塞勒的悖论逻辑。对杀人场景持续很久的描写，将独特、唯一和不可替代（负责的）从一般、可替代和普遍（伦理的）的同盟中开除了。叙事的焦点从礼物转移到了人类的代价。到影片结束时，超越而统一的主体的假象被一种"破碎的身体的幻觉"取代了：贞德所留下的，只有一具燃烧的尸体，周围是四处散落的她的人民的身体。[2]

在《圣女贞德受难记》中，对女性身体萦绕不散的暴力威胁，给它的伦理戏剧洒下了不同的光辉。在对贞德形象的分化处理中，某些场景使用的特写镜头和快速剪切模仿了银幕上的施暴者对她的折磨。詹姆斯·夏慕斯（James Schamus）指出，德莱叶在讨论这部影片时，曾经把虐待狂的功能归功于特写镜头的折磨效果。[3]根据导演和施暴之间的这种类比来看，表现贞德的脸的那些著名的影像，揭示了一种控制性的作者的在场（controlling authorial presence），并且暗示男性的施虐狂和女性的受虐狂之间有一种典型的结合。电影的形态注意到电影装置的共谋在叙事

---

1 Derrida, *The Gift of Death*, 78-9.

2 Nash, "Notes on the Dreyer-Text", 105.

3 Schamus, "Dreyer's Textual Realism", 323.

层面上是以宗教的名义犯下的性别化的暴力行为。在纳什看来，尽管因为有一个"上帝般的"的作者而引起传统的电影神学观念的兴趣，德莱叶文本最重要的影响在于它神秘地表现了"每个地方"（everywhere），即任何地方（nowhere）；不过，它把这种意识形态表现成了非常有问题的一种。[1]上帝是一个无限的他者，"能看见一切却不被一切看见"。在这部影片中，德里达归功于上帝的非对称注视，模棱两可地同导演的性别化凝视合并在一起了。[2]如果影片的宗教话语可以阐释为作者与文本的关系的寓言，那么，贞德在男性导演手下的"待遇"（treatment）就可以看作对基督教父权意识形态的批评。《圣女贞德受难记》表明：过度的责任，即德里达所描述的超越伦理的责任，与父权暴力的道德败坏撇不清关系。父权暴力让女性的主体面临被灭绝的威胁。

115

悬置的信仰／怀疑：《诺言》

在《诺言》里，信仰与伦理的关系被更加明确地主题化了。该片的主人公们公开地辩论宗教责任和道德责任相互冲突的观念；在这个层面上，故事再次同《死亡的礼物》所关注的东西交织在一起了。背景设定在丹麦的一个乡下，《诺言》的故事围绕当地两个新教教派之间的争端展开。这两个教派是格伦特维派

1　Nash, "Notes on the Dreyer-Text", 87.

2　Derrida, *The Gift of Death*, 5.

（Christians of Grundtvigism）和内省派（Inner Mission），他们对信仰的目的以及正义生活的本质都抱有不同的看法。莫滕·博根（Morten Borgen）是格伦特维派的家长，他所属的教派相信他们的责任就是要享受信仰带来的充实的生活。在他看来，清教徒的内省派提倡自我折磨并且无惧死亡。尽管前一个教派构成了影片的主要关注点，但是德莱叶采用连续不断的跟踪拍摄、冗长的镜头，基本不用特写（与《圣女贞德受难记》采用的技巧完全相反），令人想起一个细心周到、充满怀疑的观察者，他拒绝贸然地对任何信仰体系做出一种定性的判断。在莫滕的家庭里，一连串有更多细微差别的立场出现了。莫滕承认他饱受怀疑的折磨，并且不再相信任何奇迹。尽管这个信念会在影片中经受考验，但是德莱叶对莫滕心中的疑虑和纠结进行不作判断的描写，呼应了克尔凯郭尔所捍卫的理性的怀疑（作为信仰的根本成分）。不过，当莫滕的儿子米克尔（Mikkel）对自己的妻子英格尔（Inger）承认他没有信仰时，妻子安慰他说："但是你有更重要的：心灵和善良。"虽然英格尔自己相信"很多小奇迹在我们周围发生"，但是她的论点——道德品质和对他人的爱是绝对更加重要的——与克尔凯郭尔从亚伯拉罕和以撒的故事中得出的结论不相一致。英格尔的人道主义伦理也与德里达对克尔凯郭尔的读解相冲突，因为它不允许悖论的存在。

　　英格尔关于善的评论可以理解为对莫滕的另一个儿子约翰内斯含蓄的影射。与她完全相反，约翰内斯好像体现了克尔凯郭尔和德里达讨论的各种矛盾。在几个开场镜头中，影片向我们介绍了这个神秘的角色，他站在小丘上，张开双臂，痛斥无信仰的"伪君子"，并且宣称自己是上帝的先知。约翰内斯顽固地坚

116

持自己信仰的神圣性，却被博根家族视为遗憾和失意；只有马伦（Maren）、米克尔和英格尔的小女儿相信他的说法。虽然成年人试图让约翰内斯的行为重归理性，但是影片拒绝任何令人满意的心理学的解释。在卡伊·蒙克（Kaj Munk）的戏剧《诺言》（*Ordet*, 1932）中——德莱叶根据戏剧改编成电影——约翰内斯的疯狂被归因于他未婚妻的死亡（颇受弗洛伊德的影响）。影片省略了这个细节。我们仅仅被告知：妄想症突然发作时，他正在研究神学（这里提到了克尔凯郭尔）；他饱受怀疑的折磨，这也预示了他父亲的精神困境。米克尔略微提到了约翰内斯不良的阅读习惯，这可能为他的困境提供了线索。"瞬间的决定就是疯狂"，德里达引用克尔凯郭尔的话来支持他自己的观点：每一个负责任的决定都需要飞跃，超越任何理性的计算。[1]约翰内斯的疯狂可能是超伦理决定的条件吗（"hyperethical decision"，德里达用这个术语来描述亚伯拉罕的牺牲）？或者他已经被不可判定性（undecidability）逼疯了？[2]影片的场面调度，尤其是约翰内斯被"安排"和"打光"的方式，进一步扰乱了责任、疯癫和神秘主义之间的界线。先用仰角镜头，拍摄他站在小丘上布道，穿着长长的道袍，风猎猎地吹着斗篷；然后中景，他正端着蜡烛，很像威廉·霍尔曼·亨特（William Holman Hunt）的《世界之光》（*The Light of the World*, 1853-54）里的基督，与他自我赐福的幻觉形成呼应。像贞德一样，约翰内斯的行动以及视线完全游离于他周围的人，当他说话时，他总是在引用《圣经》，而不是在参与对话。在他们的宗教信仰里，约翰内斯的形象拔高了他的行动，

1　引自Derrida, *The Gift of Death*, 66.

2　Derrida, *The Gift of Death*, 71.

没有证实或者反驳他的主张，同时强调了他对伦理领域的疏远。约翰内斯可能是克尔凯郭尔所谓的"信仰的骑士"，也可能只是疯了，抑或两者都是。

影片的最后一场戏加剧了这种矛盾。英格尔因为生孩子去世后，又在约翰内斯的祈祷声中复活了，这既出人意料又不合情理。最明显的解释也不能令人满意：在神志清醒之后，约翰内斯被马伦的信仰赋予力量，要去完成一项奇迹；从表面上看，这个行动要解决他对神的义务和他对家庭的责任之间的矛盾。而其他的因素暗示，指责（denouncement）不仅仅是简单地证实了对基督的信仰具有救赎之力或者责任具有自我完善之功。这场戏解开了潜藏的关于繁殖和男性父子关系的叙事线索。在稍早的时候，孕妇英格尔向莫滕许诺生一个孙子，条件就是他答应她嫁给他的小儿子安德斯（Anders）。由于孩子生下来就死了，所以英格尔违背了诺言。就在这一刻，她好像也必须死，她不能替男性传宗接代。直到这一刻，为了克服一个女人的死亡，潜藏的叙事接上了再也熟悉不过的男性权威-女性牺牲模式。不过，英格尔的"复活"中断了这种反动的模式。影片的最后一个镜头用特写表现她刚刚知道孩子死了，然后把自己的脸颊和丈夫的脸颊紧紧靠在一起。虽然这个镜头继续毫不含糊地证实了异性的夫妻关系，但它还是打破了经典叙事电影的传统。根据经典的传统，夫妻模式的主要目的是再造未来/繁殖前途（reproductive future）。关于"繁殖的未来"（reproductive futurity），本书第9章将作详细的讨论。《圣女贞德受难记》中关于身体碎片的幻想又回到了《诺言》里，但是这里破碎的身体属于男性婴儿（米克尔告诉我们，孩子确实是"四块"），而女性的身体完好无损而且充满希望。

117

这里没有对宗教信仰构成毫不含糊的确认，但是收官镜头向父权的基督教意识形态发起了挑战，将异性关系与生儿子的任务割裂开来，拒绝事先决定未来的命运。

"复活"的奇迹完全难以置信，所以这进一步延迟了结局。这个奇迹让我们想起了电影影像虚幻的本质，并且从观众和主人公那里获得了信赖与支持。在《电影手册》的一次访谈中，德里达根据"信仰统治"（regime of belief）来定义电影媒介的特性："看电影时，绝对存在某种独一无二的相信（believing）模式：一百年前，我们发明了一种前所未有的信仰体验……看电影时，我们相信却不信任，但是，这种没有信任的信任依然是一种信任"。[1]《诺言》的最后一场戏既利用又暴露了这种"没有信任的信任"模式。有时候，根据盲目崇拜的无意识机制，这个模式被描述为："我知道，但是……"英格尔看似不可能的觉醒，预示着由德里达提出的电影、信仰和幽灵性之间的联系，扰乱了信仰与怀疑、缺席与在场、活着与死亡之间的二元对立。据纳什的观察，"德莱叶的文本""不仅悬置了怀疑，即审美的浪漫前提，而且悬置了信仰的宗教含义"。[2]影片探究了责任、信仰和观影行为之间的联系，但是毫不犹豫地拒绝消解约翰内斯行为的神秘性以及责任面临的困境/悖论。

---

1 Derrida, "Le Cinema et ses fantomes", 78.

2 Nash, "Notes on the Dreyer-Text", 92.

结　语

驳斥解构主义，指责它不关心伦理议题或者逃避分析电影中的伦理话语的矛盾，对于这种流行的倾向，本章已经予以辨析。德里达在《死亡的礼物》中声称，在一定程度上，伦理是建立在一种自由的共识和一套普遍认同的原则的基础之上的，而它本身也构成了对责任的逃避。对电影学者来说，德里达对伦理作为困境/悖论的解释，其价值在于它可能改变我们，让我们去关注电影实践与理论中过于踌躇满志的总体性话语所蕴含的象征性暴力。虽然我们可能会误入歧途地到任何文化文本中去寻找德里达所描述的非凡独特的责任的例子，但是他的论点鼓励我们关注对伦理的差异论述在电影中造成的分歧、矛盾和不确定性。德莱叶的电影的主题（素材）使它们尤其敏于这种分析。通过把大量关于责任、德行和信仰的概念并置起来，《圣女贞德受难记》警告我们不要在意它们的表面价值，不要破坏直接的宗教含义或者人文阐释。不过，虽然这些电影预示了德里达的很多顾虑，但它们也向德里达提出了关于责任与性别的关系问题。德里达注意到女性在亚伯拉罕故事中扮演的边缘角色，他追问道：

> 在法律（它的法律）不可改变的普遍性中，如果一个妇女要以某种可能造成后果的方式介入进来，奉献的责任的逻辑会不会被改变、扭曲、减弱或者替代？奉献的责任和双重"牺牲的礼物"的制度是否从根本上隐含着一种排斥或者

女性的牺牲？[1]

虽然德里达更愿意把这些问题"悬置"起来，但是他对女性在男性权威手里的"待遇"所做的批判性研究表明：对于责任，任何负责任的解释都必须考虑其系谱的性别化动力。[2]《圣女贞德受难记》和《诺言》揭示了无条件的义务、父权的暴力和理想化的女性（自我）牺牲所依存的基督教范式与电影媒介之间存在一系列令人不安的联系。在这样做时，它们强调必须反思用来支撑《死亡的礼物》所概括的责任的逻辑的性别传统。

无论是德里达的著作还是德莱叶的电影，都没有为做出负责任的决定提供标准的指导原则。不过，注意到责任的诸多悖论，它们警告我们不要把伦理的模式总体化。《诺言》和《圣女贞德受难记》既在叙境（diegesis）之内又在观众与影片交流互动的层面上搬演了德里达式的决定的戏剧。与《诺言》最后一场戏提出的难题一致，它们表明：负责任的观看可能同理性的意义建构关系不大，而更需要信仰的飞跃和疯狂的瞬间。

1　Derrida, *The Gift of Death*, 76.

2　Derrida, *The Gift of Death*, 76.

7

聚焦福柯：伦理、监视与身体

相对而言，在理论色彩浓厚的学院派电影研究中，米歇　　120
尔·福柯是被讨论得较少的人之一。这可能有多种原因。首
先，福柯关于电影的著作或者言论很少，只有1975年发表在《电
影》（*Cinematographie*）杂志上的一篇访谈直接谈论过这个媒
介。其次，福柯的著作最为人知的是它的话语分析（analysis of
discourse）；它对制度环境中的语言的力量所做的理论思考。由
于电影基本上是一种视觉媒介，乍一看，他的著作不是最合适用
来分析银幕表现的工具（toolkit），这也可以理解。不过，即使
在讨论权力、制度和话语时，福柯的著作也用了不少视觉的隐喻
和模式（例如，在《事物的秩序》[*The Order of Things*, 1966]
中，对委拉斯凯兹[Velasquez]的油画《宫娥》[*Las Meninas*,
1656]中的权力和视点所做的令人难忘的分析）。此外，他的著
作致力于研究观看的机制（mechanisms of watching），尤其是在
社会监视的语境中。在这一点上，除了心理分析之外，福柯的理
论也许超过了其他任何主体思想。可以说，福柯的监视理论与
心理分析构成了一种理论平衡。关于现代社会制度中的各种观
察、监督和控制的普遍性和复杂性，福柯的监视理论提出了富有　　121
挑战性的争论。将这种模式引入看电影时的（甚至包括电影中
的）凝视机制（mechanisms of gaze），可能会促进一种思考观看
（thinking watching）的方式，对凝视理论中的某些陈词滥调重新

进行政治化和伦理化的思考。

福柯的著作也通过多种方式重新思考性（欲）和身体/肉体，质疑心理分析的诊断式的认识论。在《规训与惩罚》（*Discipline and Punish*）面世之后一年出版的《性史》第三卷《求知意志》（1976），强烈主张在现代性的漫无边际的知识范畴之外重新思考身体快感的重要性。最近很多电影制作和电影批评里的争论都很关注身体/肉体展示的伦理问题。结合福柯著作对色情身体具有挑战性的重新定义，深入思考身体表现方面的电影实践，是大有裨益的。下面，我会集中关注福柯思想中的两个概念——监视和身体理论——探究在他具有伦理-政治色彩的哲学与电影媒介之间展开对话的可能性；进而给这两个领域注入新的能量。

监视与《易尔先生》

用一部影片来验证福柯的监视理论对观看伦理（ethics of looking）的思考，最好的例子莫过于帕特里斯·勒孔特导演的《易尔先生》（*Monsieur Hire*, 1989）。在那些有意识地讨论偷窥的电影中——关于观看的电影，甚至关于观看电影的电影[1]——如果说希区柯克的《后窗》（*Rear Window*, 1954）是最著名而且最广受讨论的，那么，最接近它的竞争者肯定非勒孔特的《易尔

---

1 Lemire, "Voyeurism and the Post-War Crisis of Masculinity in *Rear Window*", 57.

先生》莫属。《后窗》和《易尔先生》之间的相似性很多。两部影片都利用了亮着灯光的窗户与电影的银幕作为悬念和欲望的场所。两者都塑造了一个处于幽闭恐惧症的限制状态下的偷窥狂的男主人公（就身体而言，例子是希区柯克的杰夫［Jeff］；就感情而言，例子是易尔先生）。大体上，两者都算是关于坠入爱河有危险的寓言故事。

不过，在这两部影片中，性关系的结果以及它们让我们看到的性别化力量的形态都大相径庭，希区柯克电影的性政治提供了更传统而且更好辨认的电影动力。在《后窗》中，杰夫的女友丽莎（Lisa）非常渴望取悦她的情人，并且想说服他娶她，以至于她要冒着生命危险去调查杀妻嫌疑人苏先生（Thorvald），因为杰夫对他很"着迷"。在《易尔先生》中，艾丽斯（Alice）对她那个残忍的男朋友艾米尔（Emile）一往情深，导致她诬陷易尔先生杀死了皮埃雷特·布儒瓦（Pierrette Bourgeois），反过来造成他的死亡。在两部影片中，女人都为她们的爱人采取了牺牲的行动，然而，在《易尔先生》中，牺牲的受害者是被（女人）背叛的他者而不是女人自己（自我）。尽管付出牺牲的动力源于爱上一个男人，但是《易尔先生》中的艾丽斯不是一个传统女性的电影原型。她既不是一个被动的观看对象/客体（实际上，她的行为推动了情节向前发展，并且促进了结论），也不是一个直接的牺牲品。她混合了传统"黑色电影"（noir）中"女妖精"（femme fatale）的各种要素（性感、危险、背叛），但是也通过多种方式偏离了这个典型（她没有被"解码"，她还活着）。窥淫者易尔没有通过自己的凝视获得完全的主动，而且正是他自己而非"女妖精"的死亡构成了电影的结局。就其设计和描写而

122

言，这部电影是含混、歧义、有创造性的，超出了我们可能期待的叙事法则。

阿比盖尔·默里（Abigail Murray）注意到这些对一般规则的偏离，在1993年发表的文章《〈易尔先生〉中的窥淫癖》（"Voyeurism in *Monsieur Hire*"）中提出，勒孔特的电影重建性别化的窥淫癖规则，以至于"《易尔先生》……将凝视（者）设定为男性，只是为了质疑现存的以主动/男性和被动/女性的二分法为基础的观看结构"。[1]在影片的开始阶段，凝视（者）的确被设定为男性。伴随着迈克尔·尼曼（Michael Nyman）巴洛克风格的配乐，演职员表让位于躺在地上的一具女性的尸体。摄影机向上摇，发现一个侦探正在专注地观察尸体。然后，通过画外音，他开始思考这个可怜人悲惨的命运。几个镜头之后，我们看到尸体已经躺在太平间里，警察正在对着那个死去的女孩儿的脸拍照。男性的凝视以最彻底的方式罩住了一动不动的女性：让她的死亡变得不朽（死而不死）。紧接着这个死亡女孩的镜头，我们看见一个活泼的孩子正在门阶上和易尔先生玩捉迷藏的游戏。很快，我们又看见艾丽斯的镜头，她正在穿衣服，准备去会男朋友。接着，她又在脱衣服，然后和男友做爱，在卧室的窗户上留下剪影。这些画面都是从易尔先生的视点看到的，他正在艾丽斯对面的一间公寓里悄悄地看她。将这些镜头——被谋杀的女孩的身体，易尔先生与小女孩玩游戏，他对艾丽斯近在咫尺的迷恋——按先后顺序放在一起，易尔先生的窥淫行为就产生了动机不纯的危险联想。由此，这些最初的场景包含了传统黑色电影的多种元素（谋杀者，魅惑的女性奇观）以及性别化监视的传统形

1　Murray, "Voyeurism in *Monsieur Hire*", 293.

态，而导演正准备对它们进行颠覆。

这里讨论的颠覆，首先是通过剥夺男性观看者在社会荣誉意义上的"权力"而实现的。易尔先生这个人物被夺权的方式有多种，其中最明显的是，他被设定为像谜一样的人，揭开他的神秘面纱，以及他最后的惩罚……构成了主要的叙事目标。[1]这与经典叙事电影据说是按照心理分析理论展开的运行机制形成了对照。根据穆尔维和其他人的观点，正是女性在性方面的神谜（enigma）将男性观众的目光牢牢地固定在表演/奇观上面。某种类型传统的内在逻辑响应了这种关系，比如黑色电影，它善于在硬汉警探办案的过程中利用风情万种的"女妖精"形象作为陪衬。然而，在《易尔先生》中，被塑造成"性谜"（sexual enigma）的人，不是艾丽斯而是易尔。艾丽斯的"秘密"（她是他男友的帮凶）在电影的中途就被泄露了。相反，易尔的"性谜"一直未解，甚至因为他的死而被提前"封存"。从某种意义上讲，易尔属于电影的女性传统而非男性传统。易尔和女性的关系也出现在叙境的世界里：我们被告知，他曾因为猥亵而留下犯罪记录，并因此和艾丽斯扯上关系。艾丽斯承认她很享受被别人观看时的快感（被人看，真爽）。另外，也很重要的是，警方的监视——易尔常常被监视——也让他成为统治性凝视最显而易见的牺牲品。

123

让·迪菲（Jean Duffy）进一步深化讨论，提出"将'窥淫'一词用在易尔身上……是成问题的，因为影片中还出现了很多其他的窥淫者"，[2]包括警探（专业监视者）；艾丽斯本人，她

1　Murray, "Voyeurism in *Monsieur Hire*", 293.

2　Duffy, "Message versus Mystery and Film Noir Borrowings in Patrice Leconte's *Monsieur Hire*", 218.

回应易尔的目光，当易尔在看她和她的男朋友做爱时，她也在看他（易尔），当时，只有艾米尔一个人被蒙在鼓里；以及形形色色的女人，邻居和孩子，他们都在满腹狐疑地观察易尔的一举一动。当然，还包括摄影机，在不起眼的"自然主义"镜头与有意识的窥视镜头之间运动，比如用高角度镜头，俯视易尔去上班，用监视的方式跟踪他走过院子。

此外，被凝视的对象也很多。他们是：皮埃雷特·布儒瓦死后的身体，艾丽斯，易尔，艾丽斯的未婚夫艾米尔（当易尔观看他和艾丽斯做爱时），甚至包括死老鼠在内的众多无名的沉思对象。有几个角色既是观看者也是被观看者；在影片中的不同时候，他们既是"猎人"也是"猎物"。多个观看者和观看对象同时出现在凝视中，创造了一种多层次的、反身性的电影。另外，将主导-被动、客体-主体的凝视结构多元化，勒孔特让争论超出了穆尔维描述的性关系的极限，进入其他的伦理范畴。让·迪菲指出，在勒孔特的电影中，尽管易尔先生的犹太人身份（他实际上是美-俄血统的伊诺维奇先生）不像在西姆农（Simenon）的小说或者杜维威尔（Duvivier）的《惊惧》（Panique, 1946）中那样重要，但它毕竟发挥了沉默潜台词的作用，有助于勒孔特建构一种关于迫害的寓言故事。[1]

正如已经讨论过的，在《易尔先生》中，勒孔特用性倒错的能指有效地替换了犹太人身份的能指，以至于被考虑的边缘性（marginality）变成了性欲而非宗教或者种族。[2]我曾在上文指出，在影片中，作为性神秘的焦点人物（像虹吸管一样引人

1　Duffy, "Message and Mystery", 219.
2　Wild, "L'Historie resuscitée".

兴趣），不是艾丽斯而是易尔，这就偏离了传统的"女妖精"（femme fatale）类型。可以肯定，易尔的性的本质在影片过程中被质疑过很多次。的确，人们几乎可以说，观众发现的关于易尔的"秘密"是他的性秘密，而不是他是否杀害了布儒瓦的真相（尽管至少警探认为两者确有关联）。当侦探刺激易尔说，"你有多久没有和女人那个了？"，这让人想起了后性科学的（post-sexological）、后弗洛伊德的（post-Freudian）性压抑的男人的典型，他的失意和挫折都被导向了暴力。警探认为易尔是一个好色的谋杀者，而事实上，布儒瓦被谋杀的动机是劫财。由此，在《易尔先生》唤起的社会里，性倒错被认为是主要的潜在动机。我们如果把读解电影当作一种研究——研究个人的性秘密如何使他或她成为知识和社会控制的对象——就会清楚地知道，为什么给电影读解提供非常具有说服力的工具的，是福柯式的对知识和权力的功能分析而不是心理分析。福柯在《求知的意志》中假设，现代性将性秘密建构成身份/认同本身的秘密，这是我们关键的本质。通过专门设计来引诱忏悔的技巧，秘密实际上被"泄露"了。不过，福柯指出，这些诱导性的技巧，反过来又成为建构秘密的手段。[1]福柯心里的忏悔，是由性学家或者心理分析家罗致的故事，并且交给接受心理分析的人来制作完成。在《易尔先生》中，警察的角色也以相似的方式发挥作用：引诱（主体）忏悔，就是为了将主体归类（作为离经叛道的罪犯）。

不过，正如影片采用泛-窥淫癖的（pan-voyeuristic）视角打乱凝视机制的主导-服从逻辑一样，它也将易尔甚至每一个角色设计成一个或者多个可能体现性倒错的人物类型。因此，性正常

124

---

1 Foucault, *The Will to Knowledge*, 34.

（sexual normalcy）的概念从影片中隐退，相应地，正常/倒错二元对立的意义也遭到影片逻辑的质疑。艾丽斯被表明具有暴露狂的倾向——当她脱衣服时，很享受被易尔先生偷看；当易尔在拳击赛的公开场合悄悄地摸她，她就变得欲火难平。易尔是一个窥淫者、暴露狂和盲目崇拜者。他经常同妓女打得火热，并且容易在她们面前爆发性欲的怒火。他也是一个耽于声色的快感主义者，迷恋香味和质地（他买了一瓶艾丽斯用的香水，就是为了用她的香味挑逗她）。在审问易尔以及注视皮埃雷特（美得令人上火）的尸体时，侦探本人也暴露出窥淫癖和虐待狂（接近于恋尸狂）的倾向。除了这群性倒错的人，只有艾米尔是个例外。他之所以杀人，是想劫财而不是劫色。而且，他被视为异性恋秩序和男性常态的代表。艾丽斯曾在影片开头感叹：“我喜欢你吻我的方式。我发现你吻我时，像个真正的男人。”不过，这种对“理想”的阳刚之气的描写，被勒孔特含蓄地嘲讽并且破坏了：这个“真正的男人”也是个残忍的杀人犯，并且不知不觉地被替罪羊易尔窥视，甚至被他戴了绿帽子。

因此，这三个主要角色（侦探、易尔和艾丽斯）通过心照不宣的相似性联系起来，而不是像第一眼看起来的那样存在根本性的差别。他们命运中的任何差别，都可以归结到他们在社会秩序中所处的位置。易尔被表现为一个无法适应社会环境的“零余者”（misfit）。勒孔特揭示了易尔作为牺牲品和局外人的地位和情形，是如何根据法律的象征系统中对被禁止的态度和行为与未被禁止的行为和态度之间的主观划分来建构的。当艾丽斯第一次发现易尔在注视她时，她告诉他，如果她愿意的话，她可以叫警察来逮捕他，因为法律禁止窥视他人。侦探也被表现成一个与易尔一样奇怪（并且更少同情心）的个人，但他是作为法律的代表，他对易尔的迫害和监视以及毫无理由地窥人隐私（比如，窥淫尸体）是不受质疑的。易尔是该惩罚的，仅仅因为他没有象征（权力）的手段来保护他不受惩罚。易尔自我贬低的行为和态度表明，这个角色承认他自己失去了应有的权利，并且将社会的迫害内化成个人品性的一部分。

这种微妙的批评，将凝视的权力看作更加复杂和流动的关系，而不是显而易见的统治-服从的组合，使我们想起福柯在《规训与惩罚》中关于"圆形监狱"（Panoptiction）的讨论。圆形监狱是一种专门用来监视的建筑模型：它由一个中央塔楼和四周环形的囚室组成，环形监狱的中心是一个瞭望塔，所有囚室对着中央监视塔，每一个囚室有一前一后两扇窗户，一扇朝着中央塔楼，一扇背对着中央塔楼，作为采光之用。[1]这样的设计使得处在中央塔楼的监视者随时可以便利地观察到囚室里的犯人的一举一动。同时，监视塔有百叶窗，犯人不知是否被监视以及何时被监视，因此不敢轻举妄动，从心理上感觉到自己始终处在被监视的状态，时时刻刻迫使自己循规蹈矩，造成了"自我监禁"的效果。[2]因此，压迫是通过暗示以及主体承认/误认自己有罪的机制来实现的，而不是利用真实的武力。照此类推，易尔被法律建构成了合法的窥淫者监视的对象。他的罪过和惩罚，都不是借助个体行动者之手，而是通过社会组织来保证的，因为社会组织是建立在监视造成的自我管束的力量上的。

在《易尔先生》的主人公之间，窥淫的凝视和不当的欲望

---

1 Foucault, *Discipline and Punishment*, 233.

2 Foucault, *Discipline and Punishment*, 234.

多元化，造成了两种效果。首先，它将观看和欲望理解为一个主动的（男性）主体对被动的（女性）客体所做的事情；其次，它促使人们注意易尔遭受的迫害没有任何伦理依据，但影片的情节却建立在这个基础之上。就此而论，与《易尔先生》更有可比性的，是福柯关于性知识和监视理论的批评，而不是弗洛伊德学说关于凝视和性欲的解释。我的观点是，被勒孔特的影片变成问题的事情，不仅包括穆尔维和迪菲所示的性别化的凝视的规则，而且包括我们用来描述各种欲望和相关性的观念机制。各种欲望及其相关性，取决于不平等的主体-客体分配以及被动性和主动性的绝对意义。

对影片的这种解读生动地说明了，囫囵吞枣地运用教条式的女性主义电影批评，或者不假思索地搬用以深受心理分析理论影响的假设——电影的表现总是关于并且只是关于导演和观众的共同欲望——为基础的读解模式，都是非常危险的。尽管《易尔先生》乍看起来显然就是一部样板片，正如它直接介入窥淫癖的主题那样，可以用来检验性别化的凝视理论，但是我认为它更多是在认识并且质疑关于主体位置和欲望的各种话语，远远超过了先前发现的程度。通过从主题和结构上处理并且质疑窥淫的凝视以及不当的性欲，影片强制性地与支持凝视理论的被压制的伦理含义建立了元电影的、元理论的联系。简言之，通过证明一个"不正常"的窥淫者在道德上是清白无辜的，勒孔特的电影引起人们思考，既不直截了当地把凝视当作魔鬼，也不轻信关于欲望和压迫、性欲和物化之间的关系不可避免的假设。它利用可见的例子，帮助我们理解福柯关于规训的权力如何运作的观点：

规训的运用，其前提条件是，一种通过观察手段支配的机制；一种机构（apparatus），在这个机构中，使之能够观看的各种技巧，造成了权力的效果；并且，在这个机构中，支配手段反过来让那些支配手段运用的对象变得清晰可见。[1]

由此看来，《易尔先生》是在用电影的方式思考电影的潜力：要么作为一种机构，反复铭写各种规训的机制，强迫我们与某种正统的观影态度妥协或者共谋（在这里，观影既意味着凝视，也意味着坚持某种固定的观点）；要么作为一种手段，揭露并且抨击这些观看方式。据此，易尔先生——影片中的人物——同时成了被规训的犯罪的主体，性学力量的主体，以及福柯描述的全景监视系统中的现代主体。

身体与《日烦夜烦》

1975年，热拉尔·杜邦（Gerard Dupont）对福柯做了一次访谈，并且以"性军士萨德"（"Sade, Sergeant"）为题发表在《电影》杂志上。福柯被要求评论当代电影中对身体的表现，比如亚历桑德罗·乔多诺夫斯基（Alexandro Jodorowsky）的《鼹鼠》（*El Topo*, 1970）和沃纳·施勒特（Werner Schroeter）的《玛丽

1　Foucault, *Discipline and Punishment*, 170.

娅·马利布朗之死》(*Der Tot der Maria Malibran*, 1972)。采访者问他,这些电影中放荡而且血腥的身体表现是否标志着一种在伦理方面令人忧虑的对施虐狂的具体体现。福柯激烈地否认了这种说法。福柯说,在这种实验性的电影中,比如施勒特的影片:

> 看起来创新的是……摄影机对身体的发现和利用……这是摄影机和身体之间的冲突,有时是精心计划的,有时是碰运气的,发现新东西,打破角度、体积和曲线,按照一定路线,可能是涟漪或折痕,身体自己就突然出轨了(derails itself)。[1]

福柯将这些创新的拍摄身体的方法及其产生的效果与萨德作品的电影改编以及好莱坞电影拍摄女人身体的传统办法进行对照。关于前者,他说这些改编只是关于性变态(性属于"规训的"制度)的,令人厌烦、反反复复、仪式性的表演奇观。关于后者,他举的例子是比利·怀尔德(Billy Wilder)的《热情似火》(*Some Like it Hot*, 1959)中玛丽莲·梦露(Marily Monroe)的表演。从而,福柯得出了一个与穆尔维的批评非常相似的观点。更加巧合的是,穆尔维的评论和福柯的访谈刚好是在同一年发表的。福柯声称,施勒特的摄影机打破了我们将身体视为客体/对象的观念,以至于那个身体-对象"自己出轨"了,好像在暗示这种电影用非常具象的类比,表现了福柯让我们通过自我调节的伦理居于身体(*live* the body)、将身体作为快乐之本(locus of pleasure)的方式,即:摆脱"性-欲望"(sex-desire)的统治,

---

1　Foucault, *Essential Works*, vol. 2, 225.

走向"身体和快感"（Bodies and Pleasures）。[1]这就给予电影非常重要的地位：给这些实验提供尝试的空间。

本书第5章讨论过的，近期在法国电影中出现的极端肉体的表现倾向，被认为是在重访1970年代电影人关心的问题，比如：施勒特、乔多诺夫斯基，尤其是大岛渚（Nagisa Oshima）和他的影片《感官世界》（Ai No Corrida/In the Realm Of the Senses, 1976）。《感官世界》掀起了特大的丑闻，因为它描写了裸体的、生殖器的性行为，特别是最后一场戏中令人窒息的色情。克莱尔·德尼（Claire Denis）是这群过度关注肉体的导演中的一分子。在考查德尼的电影创作时，记住福柯对于用创新的方法拍摄身体的评论，肯定是很有帮助的。尤其应该记住，这种创新的电影方式能够打破萨德式的性观念"精心设计的规章制度"。[2]德尼的电影作品（集）可以被视为一种长期的努力，尝试反驳传统的拍摄身体和观看身体的方式。在这些电影中，人类的身体经历了福柯描述的那种彻底的"生分"（making-unfamiliar），比如，异乎寻常地长久地高密度地聚焦男性身体的《军中禁恋》（Beau Travail, 1999）；[3]以及充满争议的集色情和恐怖于一体的《日烦夜烦》（Trouble Every Day, 2001）。

可以这样说，《日烦夜烦》既对福柯所说的性规训模式提出了批评，也为它提供了一种视觉身体的替代性选择。首先，德尼的影片在美学上是非常引人注目的，因为它故意用纪录片式的拍摄技巧和场面调度造成了"冷静"的品质。有好几个段落都是在明亮、雪白的实验室和医院拍摄的。这些做法强化了影片从主题

1　Foucault, *The Will to Knowledge*, 157.

2　Foucault, *Essential Works*, vol. 2, 225.

3　Martine Beugnet, *Claire Denis*, 114.

和伦理方面对医学的关注和焦虑。值得注意的是，影片表现科雷
（Core）和沙恩（Shane）这对命定的伙伴在对人类的力比多进
行科学实验时（故意说得含混模糊），不幸染上了一种神秘而可
怕的疾病（杀人狂似的性欲望）。评论家马蒂娜·伯涅（Martine
Beugnet）声称，影片表现了"科学的反应"对"她的角色遭受的
疾病（嗜杀性瘾）不确定的性质"无能为力。[1]我想指出，这种说
法忽略了影片的逻辑所暗示的科学与毁灭性的变态之间的因果关
系。我们知道科雷和沙恩的"疾病"是作为科学干预的直接后果
出现的；恶魔是由追求正常化和治愈效果的科学（discipline）创
造出来的。因此，科雷看起来像是性科学创造的怪物，几乎是照
字面意思体现了福柯的说法：科学制造了而不是描述或者诊断了
先前存在的性变态；实际上，性变态作为真相出现，只有通过反
复重申权威认可的性知识的过程，而医学是主要的现代形式。福
柯告诉我们，"权力的部署被直接关联到身体——众多的身体，
功能，生理过程，知觉和快感"。[2]通过对恐怖片的变形，以及赋
予医学的重要地位，德尼扩大了恐怖的范围，并且对性科学的伦
理、被医学化处理的凝视，尤其是对他者的建构和病理学化，提
出了一种与众不同的电影化的思考。

　　《日烦夜烦》有点轻率地对待某些被一般接受的关于性病
理学的话语，利用恐怖电影的词汇，故意扭曲之后，用来泄露正
在做的事情，并不完全是在模仿或者拼贴，而是在引用。正如福
柯设想的，这些话语可以被追溯到性科学（scientia sexualis）的
开端，即19世纪，那时涌现了很多同性恋和性倒错的"名人"，

1　Martine Beugnet, *Claire Denis*, 181-2.

2　Foucault, *The Will to Knowledge*, 152.

并且通过"对性反常（sexually peculiar）的医学化处理"将这些名人推到了（性正常的）对立面。[1]福柯还告诉我们，制度性的推论（institutional discursivity）并不单独发生，也不从唯一的位置或科学出发。"性反常"在19世纪被"发明"出来，蔓延在文学、艺术以及其他文化产品中，甚至在诊所都有表现。沙恩和科雷要杀人、撕咬、吞食性伙伴的冲动，让人想起了左拉（Zola）1890年在《人面兽心》（*La Bete Humaine*）中虚构的对好色的杀人犯雅克·朗蒂埃（Jacques Lantier）的案例研究，他致命的冲动要毁灭女性的他者，并且要"让她死得万劫不复"（l'avoir comme la terre, morte!）。[2]值得注意的是，与库布里克（Kubrik）和德·帕尔玛（De Palma）的悬疑片和恐怖片一道，德尼在拍摄《日烦夜烦》时，引用让·雷诺阿（Jean Renoir）在1938年根据左拉的小说改编的同名电影作为灵感的来源，将性科学的历史作为她关注的中心。[3]不过，《日烦夜烦》极端色情的主题-素材通过多种方式处理之后，很可能不同于左拉对雅克·朗蒂埃案件的自然主义的表现，他试图利用小说的形式实现科学的目标。这并不是说影片没有涉及《人面兽心》模仿的那同一种文化神话和话语，而是承认它采取了引用、夸张和调侃的方式，并非满怀敬意地模仿。

某些话语的意识形态常常是心照不宣的，为了揭示它们隐匿的内心，《日烦夜烦》严格地呈现它们本来的逻辑，并且把它们与其他话语进行并列对比。德尼的电影借鉴了恐怖片。就传统而言，恐怖片的类型特点是只描写两种恶魔中的一种。

---

1 Foucault, *The Will to Knowledge*, 144.

2 Zola, *La Bete Humaine*, 404.

3 Martine Beugnet, *Claire Denis*, 183.

129　首先，有一种像机器一样的、返祖的、原始的、饥饿的僵尸或者吸血鬼——最著名的化身是"德古拉"的形象（《德古拉》[*Dracula*]是布拉姆·斯托克 [Bram Stoker] 在1897年出版的小说），明显属于19世纪文化想像的产物，其中充满了退化论（degeneration theory）。其次，还有人造的恶魔，它是科学的创造，是进步带来的危险的化身，玛丽·雪莱（Mary Shelley）早在1818年的小说《弗兰肯斯坦》（*Frankenstein*）里表现过了。科雷一人坐拥两种模式。她既属于19世纪性学指南的纪录（pages），比如理查德·克拉夫特·埃宾（Richard Von Krafft-Ebing）的《性心理疾病》（*Psychopathia Sexualis, 1886*），也属于斯托克和雪莱的纪录。并且，正如我指出的，像弗兰肯斯坦的恶魔一样，她是科学的怪胎。然而，与其研究对象的性学处理不同，传统的哥特式恐怖叙事没有明确地强调恶魔的性欲或性别，根据哥特派理论家弗雷德·博廷的观点，这就是为什么弗洛伊德式的关于压抑和无意识幻想的心理分析理论为什么被如此广泛地用于这种类型的原因。[1]

　　通过解构类型传统（generic conventions）被认定的基本意义（*underlying* meanings）——将它们重新安置在叙事的表面——《日烦夜烦》从根本上削弱了弗洛伊德式的心理分析理论的必要性。这种对表面的迷恋，拒绝用摄影机去寻找意义，甚至在影片表现沙恩利用科学寻找真相时也是如此。这样产生的效果，用道格拉斯·莫里（Douglas Morrey）话说，就是"在这种表面的电影中根本没有心理学"。[2]它故意消除了各种隐喻，并且尽量碾

1　Botting, *Gothic*.

2　Morrey, "Textures of Terror: Claire Denis's *Trouble Every Day*".

平。而在传统的哥特故事中，必须停留在象征的层面，不断地唤起又压制"隐藏的意义"，恐怖要比它表面的样子糟糕得多。影片也明确地突出了超自然话语和科学话语之间的联系。常识性的看法可能坚持认为，科学的客观、理性、积极的目标，与超自然神话的非理性、原始的迷信，应该是明显区别的，并且相互对立的。不过，性科学不属于这种情况。性科学的早期文献一贯地借用神话的词汇，尤其是在破坏性的反常的性欲的建构/观念中。[1]在精神病理学的整个历史过程中，神话和科学一直相伴而生，为我们提供了"性知识"的基本素材。

另外，正如伯涅指出的，《日烦夜烦》中的吸血鬼迷信毫无疑问地具有后殖民的含义和影响。莱奥（Léo）从事的研究，失踪的黑人医生，都发生在法属圭亚那。这个地方既受后殖民主义的管理，也受其他的后启蒙倾向影响，比如，试图规范西方文化中不守规矩的社会行为和性行为的精神病学。还有退化论，一种与殖民主义的全盛时期同步的话语，认为非洲的少数民族和欧洲的性变态者都对欧洲白种人的延续造成了威胁。福柯说，正是"在这种（严格的历史的）意义上，性感染了死亡的本能（traverse par l'instinct de mort）"。[2]伯涅写道，沙恩和科雷是当代的吸血鬼，是后殖民时代的生物，饱受从前殖民时代留下来的诅咒的折磨。[3]《日烦夜烦》把一系列科学和理性的引文影射到神话和哥特式恐怖故事的视觉素材和情感材料上，由此清晰地表达了一系列在文化上被压制的对话，并且影响了说教作品的伦理意义重新抬头。通常，这些都是由卫生话语和殖民话语来完成

130

1　参见Vernon Rosario, *The Erotic Imagination*, 60.

2　Foucault, *The Will to Knowledge*, 156.

3　Beugnet, *Claire Denis*, 182.

的。它还处理了对于主流好莱坞电影的意识形态非常重要的暴力问题。正如德尼自己说的：

> 美国电影表现了一种非常先进的文明。在那种文明里，真相属于科学家和政治家。美国电影中的暴力总是归咎于坏人或者他人。他们的暴力恐怖而且邪恶，但被描写成道德的，因为坏人最后总会遭殃。我认为这种过于简单化的道德绝对是令人厌烦的。[1]

在《日烦夜烦》中，暴力是少数含义模糊的事情之一，因为导演故意不让它们变成单向思维的或者缺乏深度的。它不是我们想找就找得到的，并且在很多伦理价值上非常令人伤神。象征性的暴力，被发现在医学实验的结果中，以及色情的身体毁灭中。这两种暴力相互作用，并且彼此加强。对医学身体和殖民身体的厌恶之情，毫不隐晦地置于身体之上和身体之中。

现在，我们继续讨论利用类型的参照和变形来批评各种性知识的方式，它们在某些方面很像福柯的分析。《日烦夜烦》拍摄性和身体的方式，超出了我们可知的和熟悉的范围。德尼的影片是围绕一系列视觉表现结构而成的，造成一种既有机又无机的质感。拍摄外表的整个过程都缓慢而沉重，故意拒绝加速和节奏。在"直率"的恐怖电影中，加速和节奏会造成悬念。在拍摄身体的过程中，摄影机对准肉体、生殖器、身上的衣服、血淋淋的皮肤、遮光的幕帐、甚至液体，充满了整个屏幕，几乎没有留下任何构图和语境化的空间。莫里写道：

1　引自 Beugnet, *Claire Denis*, 182.

摄影机在（男孩）伸展的躯干上仔细地游弋，突然就变得奇特而浩瀚：他卷曲的头发轻轻颤动，就像荒原上的野草；身体上神秘的峰脊就像月球的表面；暗黑的痣就像太阳系里未知的星球；肚脐像一个黑洞，要用引力把周围的星球席卷进去。[1]

莫里赋予《日烦夜烦》的这些品质，证明了色情在影片中是如何被调动起来与绝对的他者相冲突的。在这里，身体成了一种无法辨认的地形，而不是可以预见的作为"物"的被性欲化的身体。

在一个特别令人震惊的段落中，科雷在杀死她的猎物之前，先要和他做爱。她先温柔地爱抚，给他带来无限的快感，再暴力地、变态地爱抚，最后才人吃人式地杀虐。整个过程都用同样沉闷的节奏来拍摄。后面还有一个场景，也略微表现过这种爱抚。这对度蜜月中的夫妻，沙恩和琼正在进行"香草性爱"（vanilla sex），却被突然打断了。加洛（Gallo）饰演的那个角色一下子冲进浴室，然后狂怒地手淫。这两个段落都是用超大的特写镜头拍摄仰卧的身体，并且拒绝对性分类。摄影机与身体的距离很近，甚至将身体投进了阴影，所以到底是谁的四肢、谁的身体部位，甚至相互紧扣的身体在做什么，并不总是看得很清楚。在科雷和她的猎物之间的那个场景中，慢慢地，鲜血开始出现在男孩的脸上，还是用超大特写拍摄的；性行为流出的这种液体，既出人意料也令人困惑。当他的脸被遮住并且被鲜血扭曲之后，性场面的意义就完全液化了。正如通过撕咬身体传达的恐惧一样，与"同类相食"一致的主题也被影像的魅力、不确定性和陌生感削

131

---

1 Morrey, "Textures of Terror: Claire Denis's *Trouble Every Day*".

弱了。随时都可以占有完整的身体-对象并且自动提供解释的观念也遭到了挑战。对身体概念缓慢的破坏，在一个令人震惊的视觉场景中达到了极点：科雷将她的猎物的鲜血洒到光秃秃的白墙上，然后用自己的身体去擦拭，直到她的身体像变色龙一样与"场景设置"融为一体。身体概念的破坏，暗示影像的闪烁湮灭，或者身体作为客体暂时消失。

除了作为暴力的暴力（violence qua violence），这里还有意义的逐渐消失。在这个性谋杀的场景中，唯一被允许加速的，是那个受害者越来越激烈的呻吟和喊叫，不知表达的是恐惧还是狂喜；与火绒棒乐队（Tindersticks）怪诞的、激烈的超叙事空间音乐竞相对比。由此，声音和画面是不一致的，并且相互抵触，使得意义的归属更加困难，以至于被无限拖延了。德尼不允许我们给这个场景（当它在被观看的时候）赋予任何有意义的内容，尽管我们可能根据熟悉的或者约定俗成的认识论，用追本溯源的方式重建它，或者作为电影类型的一种参考/偏离。摄影机的爱抚造成了一种生疏感（making-strange），而不是对占有物令人渴望的熟悉度。它可以将食人者的拥抱、吸血鬼的噬血，从我们熟悉的恐怖电影规范，转变成色情电影中的怪异感。如果可以认为这部电影是在提供一种福柯式的关于深度要求的元批评（meta-critique），正如心理分析和性知识话语所做的那样，那么，同样地，它通过视觉奇观进入，从内部层面挫败了习以为常的性机制。它不仅借用了福柯关于身体的伦理学，而且用实例对它做出了解释。

结　语

　　在本章，我已经指出，尽管在电影的语境中福柯很少被讨论，但是他关于伦理、身体、性和监视的写作，使得他的全部著作与电影导演和电影批评家近年来涉及相似的疑问、问题和动态的作品之间形成了重要的互本文关系。福柯式的重要概念——权力，既漫无边际，又清晰可见——作为各种关系的力场，作为一簇穿透的光线，以身体和主体性为中心运行，为反思电影的问题，关心性别化的凝视以及凝视者的霸权，提供了一种富有洞察力的方式（正如对《易尔先生》的读解所证明的）。另外，福柯式的告诫——从欲望的法律限制系统（以前-结构主义者对性的心理分析模式为例）到对身体的伦理意义（作为快乐的所在）的质疑，以及外在于规训与分类的等级制度的权力的意义——在德尼最近的电影制作中都有所表现。本章已经证明，给电影带来一个思想家，一定会受益无穷。虽然他很少直接谈论电影，但是他的著作坚决地依赖可视性、景象和空间的语言，并且，他对这些动态的讨论永远充满了伦理-政治的能量。

8

心理分析的电影伦理：未来、死亡驱力与欲望

在本书的前几章，我们已经看到，来自心理分析的理念在 134
1970、1980年代如何被用于后结构主义的女性主义电影理论。劳
拉·穆尔维的权威评论《视觉愉悦与叙事性电影》，将窥视欲
（scopophilic desire）的一些概念用于女性化的对象，以及对电影
主人公的男性化认同，解释电影欲望（cinematic desiring）的性
别化的和性欲的动力。穆尔维的文章以及它所激起的反应，主要
凭借的是拉康早期的"镜像阶段"的概念（mirror stage）。这个
概念最早是在1949年的一次演讲中提出的。镜像阶段既指婴儿在
成长过程中必须经历的想像的自我身份的形成阶段，也指成年人
将要继续经历的一种场景或者时期，在这个阶段，成年人会产生
渴望整体、担心分裂的各种幻想。由麦茨和穆尔维提出的早期的 135
心理分析的凝视理论，将观众与银幕形象之间的关系，映射到婴
儿在象征性的镜子中与照镜子的父母或者其他整体性对象之间的
关系。经典电影通过剪辑缝合了令主体感到困惑的空白和缝隙，
并且提供了整体性的令人安心的影像——可以认同的男性主体，
以及可以观看的光彩照人的女性主题。在最后一章，我会努力证
明，福柯的权力批评可能与心理分析的凝视理论中的某些假说具
有细微差别；不过，这种"精益求精"的工作，已经在心理分析
开启的学术研究潮流中展开了，例如，齐泽克曾经声称，凝视是
客体，而不是（父权的）主体的占有物，因此，"当我在观看客

体时，客体已经在凝视我"。[1]琼·柯普杰（Joan Copjec）也认为，观看者永远都不可能是他凝视的对象的主人，而是一个分裂的创伤的主体，一个渴望控制那种分裂的主体。[2]

21世纪的拉康式的理论家，尤其热衷于强调作为社会行动者和电影观众的主体的分裂的、易受影响的天性，以及心理分析学说提出的主体和客体之间摇摆不定的关系。他们还重访了很多心理分析的概念以及一系列电影文本，为了证明电影和心理分析学说都是系统，两者都能阐明他者的活动/原理。齐泽克编著了一本书，《不敢问希区柯克的，那就问拉康吧》（Everything You Always Wanted to Know about Lacan: But Were Afraid to Ask Hitchcock, 1992），非常漂亮地概括了这种策略。并且，齐泽克在政治方面主动地采用了心理分析学说。在《斜视：从大众文化看拉康》（Looking Awry: An Introduction to Jacques Lacan Through Popular Culture, 1991）中，意识形态和欲望的活动被认为既寓于大众文化之中，也要通过大众文化来体现，由此阐明了拉康理论的原理，并且使它们能够被大众广泛地接受。

在齐泽克的分析中，居于核心位置的是拉康的作为伦理之所在的真实概念（the Real）。齐泽克将电影以及更广泛的大众文化作为讨论的主题，让我们反思和体验主体在遭遇他的或她的欲望的真实（the Real）时所面临的风险。电影展现了真实的魅力、诱惑与危险，也揭示了主体战胜或者败给伦理的挑战——承认他们自己的欲望——的不同方式，这可能意味着事与愿违地否定身份/个性，或者认定主体性缺乏。某些流行的文学形象和电影人

1　Slavoj Žižek, "Looking Awry", 530.

2　Copjec, "The Orthopsychic Subject", 437-55.

物，尤其善于展示这种失败的活动或者缺失的原理。侦探是齐泽克用来代表主体的重要形象，因为他避免了与伦理的真实之间不可想像的冲突。夏洛克·福尔摩斯（Sherlock Holmes）模型中的侦探对离奇诡异的事件做出了合理的解释，齐泽克声称，这是为了"打破他们施加在我们身上的咒语，例如，使我们免于遭遇这些场景表现的我们的欲望的真实"。[1]福尔摩斯就像一个堡垒，阻止了力比多欲望的传播。力比多欲望是被一个无名的凶手或者其他神秘力量激起的（并且，人们不由得想起在1930、1940年代美国和英国的福尔摩斯系列电影中，巴兹尔·拉斯伯恩（Basil Rathbone）完美控制的与性无关的小心翼翼的表演，进一步证实齐泽克的观点）。

136

　　另一方面，在经典的黑色叙事中，辣手神探采用了一种稍微不同的转移视线的战术：他抵制美女、荡妇或者女妖精（femme fatale），她们体现了一种"包藏祸心的剩余享受的承诺"。[2]力比多从侦探身上排除了，并且被转移女人身上。在这种类型片中，女人的作用和目标就是诱惑他。齐泽克认为，黑色电影中的"美女"（femme fatale）是最重要的伦理形象。她是这样的女人，戴着许许多多相互矛盾的面具——霸气、绝望、快乐、痛苦——在被侦探拒绝时，抛弃所有的伪装，最后彻底沦落。正是在这种"歇斯底里"的崩溃中，她作为男人的对象/客体（或者，在拉康式的性别化制度颇有争议的语言中，作为"男人的症状"）的地位最后被实现了，即，她作为外表（appearance）的"存在"（existence）被一种真正的"不存在"（non-existence）

1　Žižek, *Looking Awry: An Introduction to Jacques Lacan Through Popular Culture*, 62.

2　Žižek, *Looking Awry: An Introduction to Jacques Lacan Through Popular Culture*, 63.

取代了。在假设这种"第二次死亡"（second death）时，她变成了"也为她自己的对象"（an object *for herself also*）。[1]对于某人的客体-地位的假设，齐泽克名之为"主体化"，与主体性相对。存在（being）通过实现（realization）——在象征力量（Symbolic）和想像力量（Imaginary）的作用下作为他者的对象——被主体化。通过抛弃将自己变成客体的那些面具，某人同意进入一种绝对空无的主体状态（subject-hood）。因此，在齐泽克看来，"美女体现了一种彻底的伦理态度，'不放弃自己的欲望'的态度，坚持到最后——直到它作为死亡驱力（death drive）的真正本质被揭露——的态度"。[2]齐泽克总结道，在约翰·休斯顿（John Huston）导演的《马耳他之鹰》（*The Maltese Falcon*, 1941）中，硬汉侦探坚持一种自我崇拜的想像的身份（Imaginary Identity），这种身份完全是非伦理的。相反，在雅克·特纳（Jacques Tourneur）导演的《漩涡之外》（*Out of the Past*, 1947）中，罗伯特·米切姆（Robert Mitchum）扮演的角色认同"美女"死亡驱动的自我解体（death-driven self-unravelling），并且做出（伦理的）自杀的姿态。

同样是斯洛文尼亚人，阿伦卡·祖潘契奇捡起这个问题，并且继续开发。她关于希区柯克和自杀的论文，收录在齐泽克编著的文集中。在电影理论的领域之外，还有她的哲学著作《真实的伦理学：康德与拉康》（*Ethics of the Real: Kant, Lacan*, 2000）。在拉康式的意义上，伦理学与死亡驱力和自杀紧密相关，因为伦理的挑战，就是要摆脱自身的主体性的象征的和想像的陷阱，

1　Žižek, *Looking Awry: An Introduction to Jacques Lacan Through Popular Culture*, 64.

2　Žižek, *Looking Awry: An Introduction to Jacques Lacan Through Popular Culture*, 63.

为了进入"主体化"的状态——"通过凝视来面对我们自己自我崇拜的装腔作势"。[1]正因为这个原因，祖潘契奇才得以认为，在康德式的系统中，绝对的律令是由道德行为构成的，只要"它们不是一个自在之物（in itself/*an sich*）"。[2]他们不是在描述（describe）一种行为，它们是一种训令（prescription）；简言之，它们停留在象征界（the Symbolic）。为了实现行动的分类，要求一种无限的纯粹化。祖潘契奇声称，正如雅克-阿兰·米勒（Jacques-Alain Miller）所认为的，正是在自杀行为（既是字面的，也是无限隐喻的）的基础上，拉康才得以建立了一种与难以捉摸的康德式理想非常接近的行为。正如本书在前面声明的，拉康式的伦理学常常被视为自我的伦理学，而不是他者的伦理学。在祖潘契奇看来，自杀是卓越的"行为"（act *par excellence*）因为"它总是自主的……它彻底超越了快乐原则，并且居于弗洛伊德所指明的"死亡驱力"之上"。[3]以作为"早期行为"（ur-act）的自杀为基础的伦理学不是没有哲学问题的。祖潘契奇认为，它之所以存在问题，因为很难看见它怎样履行康德的"普遍性"（universality）的标准，普遍性是真正的伦理行为必不可少的。在我看来，它之所有问题，主要是因为它可能会表现为这样的伦理学，忽视某种抵抗性未来（resistant future）的任何可能性，将它自己建立在一个单一的自失的契机上，被具体化为意义（被象征化），而不是继续留在意义之外。因此，作为一种伦理行为，自杀是异常静态的。

在后拉康式的话语中，未来（futurity）和时间（temporality）

137

1　Žižek, *Looking Awry: An Introduction to Jacques Lacan Through Popular Culture*, 64.

2　Zupančič, "A Perfect Placc to Die", 92.

3　Zupančič, "A Perfect Place to Die", 93.

是复杂的伦理概念。在《心理分析与理论的未来》
（*Psychoanalysis and the Future of Theory*, 1993）中，马尔科姆·鲍
伊（Malcolm Bowie）对心理分析学说用来想像未来的很多奇
怪而又扭曲的方式进行了一系列研究，并且追问这种以如此可
疑的方式想像未来的学科的未来会是什么样子。拉康的时间
（temporality）模型是非常矛盾而且分裂的。在考察他最早期
著作中的镜像阶段的功能时，鲍伊指出，拉康"利用一种时间
辩证的、向前又向后的节奏，替换了一种非线性的时标（time-
scale）。这种时标产生于'更早'的关系。注意，他已经说到了
任何一个允诺从更早到更晚稳定运动的隐喻"。[1]然后，镜像阶
段——婴儿在这个时期看见的幻觉的整体性，在某一天可能就是
他的或者她的——允诺在未来的某个时刻实现统一和自足，但在
现实中，这总会遭到断裂、衰退和解散的威胁。主体前进一步，
又退后两步；拉康式的未来不是一条明确的途径，我们不可以自
信地沿着它大步向前；而是一道被分歧所撕裂的轨迹，给主体造
成了分裂的威胁。并且，自我意识（ego）是我们虚幻的朋友，
只能鼓励我们对整体性的想像性认同自圆其说，而不是把我们自
己交给空白、分裂和匮乏的真相，而这是我们始终摆脱不掉的。[2]

这种反直觉的未来模式并不令人吃惊，鉴于拉康与弗洛
伊德的关系，以及弗洛伊德关于性爱与死亡活动的模式(Eros
and Thanatos，厄洛斯与塔拉托斯，爱神与死神)。正是在想像

1　Bowie, *Psychoanalysis and the Future of Theory*, 25.

2　以至于拉康式分析中的"好转"，由与自我防御完全相反的强化来体现，而这种强
　　化，可能表明分析在自我心理学中的成功运用。在拉康派看来，自我必须被不断地
　　揭露，以便主体进入无意识的欲望（真实），而不会整个儿陷入真实界预示的精神
　　病领域。

死亡驱力时，拉康用最矛盾的方式描绘了向前运动（movement forward），但是根据他的思想考虑镜像阶段会怎样塑造人类的时间性（temporality）。弗洛伊德式的死亡驱力是一种机制，不仅反向拉动生命驱力崇尚快乐原则的欲望，而且，正如弗洛伊德的文章标题《超越快乐原则》（"Beyond the Pleasure Principle"，1920）所示，进入了超越快乐原则的状态。达到超越快乐原则的状态时（降低张力，缺乏激励），死亡驱力就会抵达极乐世界（nirvana，涅槃，张力趋近为零）。它追求绝对的否定，不过，这种否定仅仅是一种夸张的、超过生命驱力的运动。这里所谓的"超越"，并不是说它反对它，只是把它朝相反的方向拉，或者把它向后拉。前进是为了进入混沌（abyss），不是否定未来；不是超过（beyond）而是超出（in excess）简单的线性的未来概念。

　　在拉康式的系统中，死亡驱力被赋予活力与运动性，在主体的欲望中，结构性地缺乏满足。在被空白或缝隙不时打断的始终前冲的意涵链条（chain of signification）中——拉康认为这是欲望采用的形式——根本不可能在时间、地理和感觉都非常遥远的地方接触我的欲望的对象/客体。不是欲望迫使我远离了（away from）我的追求。欲望追求它自己的消灭，作为一种伴随性的目标，作为它的目标受挫的结果。正是这种永远向前冲的，并且始终达不到的欲望的本性，造成了欲望的死亡。不过，作为虚无主义力量的一种体现，拉康式的死亡驱力概念，直接借自弗洛伊德，也预示了——至关重要地——可能的创造性。在《心理分析的伦理学》（The Ethics of Psychoanalysis/Seminar VII, L'Ethique de la Psychanalyse, 1959-60）中，拉康声明：在这件事情上，弗洛伊德的思想要求相关的一切被解释为某种破坏的驱力，因为它挑

138

战任何存在的事情。它也是一种从零起步，从头开始的意志。[1]
这种理解将死亡驱力视为多产的创造性和生产性的潜力——但是
不同于线性进步的故事和历史。在这一点上，它与德勒兹和加
塔利的转化概念（becoming）或者"创造性内卷化"（creative
involution）具有相似性——朝着某物（方向）前进，不复制俄狄
浦斯（Oedipus），但创造"无中生有"（ex nihilo），并且永无
止境。

　　拉康式的对时间（temporality）复杂而且矛盾的理解，可能
对电影和电影话语的研究特别富有成效。在很多方面，在艺术中
或者通过艺术，讨论被复杂化的心理分析的未来概念，电影是
一种非常适合的媒介。首先，作为技术最复杂和历史最近的艺
术形式，电影的诞生和心理分析的出现，几乎是在同一时期；
进步的话语和技术的发展，紧紧环绕着关于电影的讨论。为了说
明这个，我们可以想想萨特（Sartre）对福柯的《事物的秩序》
（*The Order of Things*）所做的不太光彩的隐喻性的批评。萨特声
称，在将历史看作一群杰出人物（constellation）而不是一种大事
记或者年代学时，福柯用走马灯替代了电影，这是一种罪过的行
为。[2]可见，电影在这里代表了进步。其次，作为一种时间运动
的媒介——作为一种媒介，它的形态是与运动（movement）和持
续（duration）紧密联系的——电影，像音乐和表演一样（与绘
画不同），非常可疑地从本质上介入了时间的问题。到了1940年
代，在爱泼斯坦（Epstein）看来，电影标志着"非连续性向连续
性的嬗变"。[3]于是，电影可以被认为承担着颇有问题的重任：表

1　Lacan, *The Seminar of Jacques Lacan, Book VII: The Ethics of Psychoanalysis*, 212-13.

2　Sartre, "Jean-Paul Sartre repond ", 87(my own translation).

3　Epstein, "Magnification and Other Writings", 23.

现艺术的前景；在艺术价值保守的话语中，既矛盾又中肯地，造成高级艺术的喑哑或者死亡。它既代表作为创造性潜力的未来，也代表作为厄运或者死亡的未来。颇成问题的未来概念，以及它与死亡驱动的伦理学的关系，在心理分析理论中，在电影表现中，在关于电影本性的讨论中，将会有更加详细的讨论。本章剩下的部分将通过读解李·埃德曼（Lee Edelman）的《没有未来：酷儿理论与死亡驱力》（*No Future: Queer Theory and the Death Drive*, 2004）和分析希区柯克的影片来实现这个目标。电影心理分析的理论家，齐泽克、祖潘契奇和埃德曼，都高度赞扬希区柯克的电影是拉康式伦理学的绝佳体现。

139

伦理学没有前途？

如果"未来"（the future）的概念同时对创造和死亡提供了批判的可能性，那么最近的某些拉康式的批评家则致力于"未来"被具体地变成一种正统思想时会出现的情况。埃德曼的著作指出，当代文化（他真正指的是英美文化而不是欧洲大陆文化或者东方文化）是在"生殖的未来"（reproductive futurity）的暴政的支配下运行的。"生殖的未来"是一种正常化（normalizing）的话语，根据这种话语，为了假定存在的、体现在生殖机构和儿童形象中的未来，我们必须推迟追求当前的欲望。埃德曼假设"酷儿"和"死亡驱力"的原则站在一种激进的伦理学这边，与

"生殖性的未来"完全相反。不过，埃德曼的模型没有停留在死亡驱力的某种模型上——以社会规范为代价安置有可能性的创造力和无法预料的后果，而是对未来的彻底怀疑主义的反驳——任何未来——以反社会的名义拒绝投入生殖的动力。

埃德曼用来体现这种彻底的反社会的拒绝态度的形象是病征性（the sinthomosexual）。这是一个新造词，一语双关地利用了拉康的sinthome（病征）和homosexual（同性恋）。Sinthome是"symptom"和"saint man"的谐音双关。病征性是通过对象征界（the Symbolic）、想像界（the Imaginary）和真实界（the Real）的规则进行个人化的协商而建立起来的一种主体，但是拒绝被彻底翻译成象征意义。这是一种被他自己的享乐（jouissance）所固恋的主体。在这里，享乐是指一种过度的快感，近似于死亡驱力，而非任何平淡的"享受"（enjoyment）的概念。[1]在埃德曼的双关语中，病征性一词熔合了病征和同性恋的双重含义，为了控制在政治上复原的目标，对不孕不育和反社会性带有同性恋恐惧情绪的指控，相当于右翼评论家对非正统的性行为和主体性的批评。

继齐泽克之后，埃德曼认为病征性的伦理性质最好通过希区柯克的电影来说明。埃德曼举的例子是《西北偏北》（North by Northwest, 1959）中的一个片段。在这个片段中，马丁·兰多（Martin Landau）饰演的伦纳德（Leonard）悬挂在拉莫尔山的一座雕塑的脸上摇摇欲坠，加里·格兰特（Gary Grant）饰演的罗杰·桑希尔（Rodger Thornhil）正准备救人。不过，是伦纳德自己而不是罗杰让他掉进了深渊。伦纳德拒绝外部的或者社会的

---

1 Edelman, *No Future: Queer Theory and The Death Drive*, 35-36.

人道主义律令的诱惑。这种感觉是拉莫尔山上人像雕塑的面貌给我们留下的。他否定了加里·格兰特和爱娃·玛丽·森特（Eva Marie Saint）这对异性恋夫妇承诺的未来，被他自己的欲望的真实（the Real）所束缚。埃德曼解释说，从拉康的意义上讲，这一刻正好是伦理的，因为在拉康眼里，内疚不能用某人的焦虑来解释——未能遵守道德、社会或者法律的制度——而要由拒绝服从他自己的（无意识的）欲望的命令的主体来解释（对基督教的——尤其是天主教的——道德感做出的一种深思熟虑的、具有战略意义的反应，即，对这种道德感的摒弃）。心理分析不为社会意义上的"善"服务，只追求真理的零度（the zero degree of truth）。只有服从欲望的法则——其性质对我们是封锁的（即处于无意识和真实界）——才构成伦理行为。在这种极端的意义上，伦理学被解释为坚决反对列维纳斯式的他者的伦理学。

的确，像这样以某种反人道主义伦理学的名义极端彻底地拒绝未来，很可能把我们推向后心理学或者后人类。正是通过希区柯克的《群鸟》（*The Birds*, 1963），埃德曼在一个人类的主体之外，同时在鸟类的集体之中，发现了这种无法可想的伦理的病征性的形象。鸟群专门啄食儿童，给博迪加湾这个小小的社群带来了威胁，因为儿童是未来的价值最珍贵的构成。齐泽克已经比较详细地讨论过《群鸟》，认为这是一部关注生殖器逻辑（phallic logic）的瓦解和异性恋夫妻关系的破裂的影片。对人类实施攻击的群鸟是"具体体现母性超我（maternal superego）的污点"，[1] 正如米奇·布伦纳（Mitch Brenner）的妈妈好像站在年轻的夫妇（罗德·泰勒和蒂比·海德莉）之间，并且妨碍他们之间受父权

140

---

[1] Žižek, *Looking Awry: An Introduction to Jacques Lacan Through Popular Culture*, 97.

许可的异性恋的结合。《群鸟》中过于活泼的鸟群，呼应了希区柯克先前在《精神病患者》（*Psycho*, 1960）中提到的那些鸟儿。在《精神病患者》中，鸟是死的，并且被塞满了填充物，是恋母的诺曼·贝特斯（Norman Bates）酷爱制作动物标本的产物，似乎暗示母亲也是死的，像制作标本一样被装满了填充物，但是她的影响依然很强大。因此，在齐泽克看来，群鸟留下了真实界的痕迹，以及它对良好社会组织的破坏。它们是"家庭关系彻底混乱的典型体现——父亲缺失，维护安宁的法律的功能……被搁置，任何一点空间都被非理性的母性的超我以及霸道、邪恶、妨碍正常的性关系塞满了"。[1]

埃德曼的批评追求一种与线性概念相似而略有不同的逻辑。在埃德曼看来，《群鸟》既不是关于母性超我的回归，也不是关于把天性/自然（nature）晾在一边的重要性（正如希区柯克在电影发行时口口声声说的那样）。相反，这些鸟是怪异（queerness）或者病征性的体现，与齐泽克的母性超我在同一个地方，作为一个监护人，保证由死亡驱动的堕落，反抗"家庭价值"和父权法律实施的井然有序的暴政。埃德曼写道：

> 《群鸟》（群鸟）带着担惊受怕、活泼易怒的能量，来到它们的栖息处，似乎要在这里孵蛋，不动感情也无关人性。某种东西天生就反对自然，并且在自然身上打开了一条缺口：死亡驱力的过度享乐弥漫在象征界，并且在病征性中发现了它生动的表情。[2]

---

1 Žižek, *Looking Awry: An Introduction to Jacques Lacan Through Popular Culture*, 99.
2 Edelman, *No Future: Queer Theory and The Death Drive,* 119.

埃德曼声称，《群鸟》与自然无关。相反，它是对非自然的调解的调解（a mediation on the mediation of the unnatural）——电影在技术上的调解，以及一种无关个人情感的、像机器一样的复仇原则，施加在异性恋的夫妻关系（由米奇·布伦纳和米兰妮·丹尼尔斯体现）和生殖性的未来上面。

埃德曼认为，希区柯克是一个特别适应电影的机械性质和欲望的导演。他写道，"这里展望的电影的机器（machinery）将观众本人变成了机器（machine）和刺激的容器"，"希区柯克的幻想作品很少谈论他自己对电影可能变成什么的期待，而更多是关于电影现在/一直是什么样的真正理解"。[1]因此，希区柯克的电影利用欲望的真实（the Real），用反人本主义的后果代替对欲望的支持。值得注意的是，在1955年1月12日举行的"弗洛伊德、黑格尔与机器"（Freud，Hegel and the Machine）的研讨会上，拉康力挺弗洛伊德的死亡驱力的启示/概念具有完美的现代性质。"能量这个概念，只能出现在有机器的时候"，拉康说。[2]机车所必须的能量（概念），被弗洛伊德用来描述/形容死亡驱力的原则，它是不具人格的，像机器一样的，并且可以用液压和能量释放的语言来形容。事实上，电影这种艺术形式，最能接受和控制技术的力量，并且最善于在观众身上造成像机器一样机械的反应。电影可以强制我们在不具人格的反应和主观的反应之间进行协商，注意两者之间持续不断的波动——拉康基本的主观误识。这个观点没有出现在埃德曼的书中，但是可以根据他对希区柯克反人本主义的伦理情节的分析中举证出来。与个人无关/非个人化

1　Edelman, *No Future: Queer Theory and The Death Drive*, 81.

2　Lacan, "Freud，Hegel and the Machine", 69.

（impersonality）的特征，对于拉康关于欲望和驱力的怪异概念至关重要，不过，也形成了埃德曼计划的严厉批评的基石。

虽然羡慕埃德曼的反正统的伦理论辩的力量，我还是要指出，他这种以死亡驱动的病征性的名义对任何未来概念的彻底拒绝，预示了对拉康的驱力概念和时间概念的误读。正如我们看到的，在拉康那里，未来并不谈论一种简单的进步的目的论，它是无限分裂的，充满了倍增、回转、衰退和中断。很难将它严丝合缝地映射到埃德曼描述的生殖性未来的当代政治话语中去（不可否认很普遍，但令人头疼地很少解构）。因为政治意识形态——既包括散漫的论述的形态，也包括电影的模式——非常善于缝合它的矛盾，并且看起来就像真理一样。埃德曼没有拆散将生殖性的未来与虚无缥缈的整体性缝合起来的针线，而是以病征性和死亡驱力的名义，展开了一场同样总体化/专制性的攻击。

埃德曼利用死亡驱力的理论展开的这种批评，与蒂姆·迪恩（Tim Dean）在《无法接受：怪异、未来与死亡驱力》（"An Impossible Embrace: Queerness, Futurity and the Death Drive", 2008）一文中表达的观点类似。迪恩在此责备埃德曼将死亡驱力变成了我们可以有意识地接受或者拒绝的东西——一种我们能够认同的原则（这是工作中非常严重的一种失误，在很多方面是极度反同一性［anti-identitarian］和反认同性［anti-identificatory］的。因为，正如我们看到的，埃德曼建议要防止同情的诱惑，并且认为希区柯克的电影抵制观众的认同，在观众身上编制机械的反应）。不过，迪恩也正确地指出，弗洛伊德式的"驱力"的特征就是：永远不会变成有意识的；没有任何适当的客体，正如弗洛伊德在《本能及其变化》（"Instinct and their Vicissitudes",

142

1915）一文中证明的。迪恩声称：

> 　　如果某种驱力永远不能变成意识的对象/客体，因而推断它永远不能为了政治的目的而被接受或者采纳。这并不是说驱力与政治过程了无干系。不过，它的确意味着，任何关于策略性地接受死亡驱力的建议，肯定是以某种根本性的渎职或者花招为基础的。[1]

迪恩指出，弗洛伊德式的驱力的性质，既是永恒不断的，也是部分的/偏袒的（partial）。通过愿望和依恋施加压力，驱力开始运行，但是没有发现它整体地运行，因为所有的驱力都是偏袒的（斯特雷奇［Strachey］翻译为"成分本能"［component instincts］，可能不太准确）。"驱力的偏袒，也说明了为什么它不能被体现，被认同或者被接受"，[2]迪恩说。他重新阐释了拉康的洞察力的价值，而埃德曼却希望瓦解生殖性的未来：

> 　　是什么使无意识的心理分析的概念（与心理学的相对）变得如此富有挑战性并且颇有成效？是它的建议和暗示：这种维度的主体性拥有几乎无限的置换能力和凝聚能力，但是既没有任何化合/综合能力，也没有限制的把握。[3]

恰好是对总体化叙事的无意识的拒绝——比如，弗洛伊德的俄狄浦斯的狂热故事，或者生殖性未来的意识形态——确保它们不可

1　Dean, "An Impossible Embrace", 31.

2　Dean, "An Impossible Embrace", 134.

3　Dean, "An Impossible Embrace", 134.

能是极权主义的。抵抗将被限制在它们内部，而不能来自外部的抵抗点。外部抵抗点可能有"死亡驱力"的特点。因此，生殖性未来的意识形态应该被分析为：在它的内部有自己的分裂点，有自己的死亡驱力。

经过分析，令埃德曼（继齐泽克和其他人之后）如此着迷的死亡驱力，被认为在电影叙事的机制中作为"社会"（the social）的驱动力和破坏原则同时发挥作用。跟着齐泽克和埃德曼，到希区柯克的作品中寻找例子，人们显然会想到博迪加湾群鸟的爆发，但同样地，我们也可以利用其他具有相似功能的形象，但是要质疑埃德曼的主观假设：体现在病征性中的伦理的真实，试图全盘否定希区柯克电影中的未来。在《夺魂索》（*Rope*, 1948）中，两个蓄意杀人的同性恋年轻人（伯兰顿和菲利普）直接介入了生殖性的未来：为了阻碍别人结婚，于是杀死了未婚夫，用一个大书箱把尸体装起来，在书箱上铺起台布，置好餐具，然后邀请死者的父母、未婚妻、同学和老师前来赴宴。这部用创新手法拍摄的电影，在长达八十分钟的表演中只有两处可见的剪切，行动在真实的时间中展开，呈现了被搅乱和放慢的时间概念；未来被那两个死亡驱动的同性恋者的活动搁置了。但是，影片的结尾没有让反社会的行为取得胜利。秩序被恢复了，还有即将到来的惩罚。公寓被闪烁的红灯照亮了，我们猜测那灯光来自外面巡逻的警车。两个杀人犯向他们以前的偶像和老师茹伯特·卡德尔（Rupert Cadell）自首，却被越来越近越来越响的警笛声淹没了。随着时间的"加速"，他们自由的期限就要耗尽了。

同样地，《辣手摧花》（*Shadow of a Doubt*, 1943）表现和蔼可亲的"查利舅舅"来到圣塔萝莎小镇这个"完美得令人厌恶"

的家庭（正如在剧本中不无讽刺地提到，母亲洋洋得意地对正在追捕查利的侦探说，"这是一个美好的家庭"。当时，侦探假装人口普查进入到这座房子）。查利是谋杀梅丽寡妇的凶手(Merry Widow Murderer)，一个扼杀富裕女性的精神变态者，好几个州都在通缉他。现在，他躲到了圣塔萝莎小镇的妹妹家里。妹妹是一个轻信的、容易上当受骗的人。反社会的威胁就潜伏在社会的胸部，全美的家庭几乎要被他们欢迎的慈祥的表现所毁坏，这是毫无疑问的。不过，查利最终还是被揭穿了，并且遭到他最忠实的粉丝——外甥女小查利——出卖。外甥女是和舅舅同名的，并且，在影片的开头，她就预言了他的到来。他们之间强烈的、深情的、几乎乱伦的联系，被巧妙地控制着，以至于查利舅舅必须要为小查利失去的清白负责，而小查利必须要非故意地造成舅舅的死亡。他们在飞驰的火车上纠缠时，急于逃跑的凶手想把外甥女推出门外的轨道上，但跌倒铁轨上摔死的却是他自己；在影片的结尾，我们看到，小查利作为未来的希望的化身，与年轻帅气的侦探结成了美满的夫妻。

　　在我的第三个也是最后一个例子《蝴蝶梦》（*Rebecca*，1940）中，病征性的人物是一种双重的女性的力量。强迫症的女管家丹弗斯夫人（Mrs Danvers），明显流露出对谦恭娴雅、举止端庄的"新"德温特夫人（Mrs De Winter）的厌恶和对前任德温特夫人丽贝卡（Rebecca）的崇拜，坚决不允许让她刚愎任性的同性的爱的对象的幽灵在庄园里消失。丽贝卡这个角色在故事开始时就已经死了，却超越坟墓对新婚夫妇发挥了某种破坏性的力量。丽贝卡原本被认为是意外死亡或者自杀的，但是当她的尸体被冲到岸边时，就对新夫妻的新婚之喜造成了某种实在的威胁。

144

事实上，丽贝卡是自杀死的，却把一切布置得像是被德温特亲手杀死的样子，以便在死后报复德温特（在达夫妮·杜穆里埃道德更加模糊的小说中，保留了丽贝卡被谋杀的可能性。但是电影改编彻底否定了这种可能，并且将丽贝卡妖魔化，赋予德温特美好的品行，也许是考虑到劳伦斯·奥利弗的明星地位的原因）。当丽贝卡复仇失败后，丹弗斯夫人担起了复仇的责任。她对德温特的惩罚，就是要破坏他父权的贵族的权力：烧毁他祖先留下来的曼德利庄园。影片结尾的几个镜头，是着火的房子，衬着丹弗斯夫人从一个房间到另一个房间跑来跑去的身影，病征性的人死无灵论的热情裹挟着她的生命，与曼德利庄园一起化为灰烬。

在上述的每一部影片中，伦理的死亡驱力的代理人/行动者——所有的角色在性方面都是模糊的、持不同意见的——都没有彻底否定未来。相反，他们要么在试图杀人时意外丧命，要么在烧毁庄园时自焚身亡。不过，由持不同意见的社会主体体现的真实界的破坏势力的力量，撕裂了意识形态，并且迫使我们追问（上述所有影片中的）这种社会结构的现状。在每一个例子中，真实界的代表都造成了可见的、持久的象征性的破坏（Symbolic damage）：《群鸟》中博迪加湾的混乱，《夺魂索》中的年轻人被杀，《辣手摧花》中无辜的死以及子女的爱，《蝴蝶梦》中曼德利庄园被大火烧毁的断壁残垣。每一种情况，都造成了某种改变，但是死亡驱力从被社会禁止的领域内部激活了：家，家庭的生活，夫妻的卧室。在希区柯克那里，叙事的未来的轨迹，被反社会的伦理势力彻底改变了，但是典范的社会结构并没有损毁或坍塌，只留下真实界敞开的深渊。那么，将心理分析的伦理的死亡驱力理论用于电影，可能为我们说明：某些电影的故事，在它们叙述中的某个时刻，如何考虑"其他"能量（其他未来）从正统意识形态的转变或者变形中涌现出来。借用齐泽克的隐喻，就是当它们乌黑的/神秘的辩证的下腹/软肋暂时被暴露时。

结　语

　　某些电影创作实践呈现的未来概念，可能是部分的、破裂的、没有固定目标的，或者是为正常化叙事服务的；呈现的方式也不像上述希区柯克电影中的那样暴烈。罗西里尼（Rossellini）的《意大利之旅》（*Journey to Italy*, 1953）快要结束时，这对异性恋的夫妻，亚历克斯（Alex）和凯瑟琳（Katherine）——隐喻性地占据了《西北偏北》中加里·格兰特和玛丽·森特的位置——在经历了一连串几乎要死的冒险之后重新团聚了。并且，他们的幸存，是通过经典的电影化的亲吻来庆祝的。不过，罗西里尼并不允许这样的结局。摄影机既没有定格，也没有推近特写。更感兴趣的，不是这种（戏剧性的）场面，而是穿过街道的人群。摄影机继续漫游，对他们进行全景摇摄。逃离了危险之后，这对夫妻并没有获得固定的结局（要么表示他们的幸福，要么表示他们的死亡）。正如齐泽克引用的罗西里尼自己在一次采访中所说的话：

　　　　在每一个人的生活经验中，有一个转折点。这不是经验的结束，也不是人的结局，而是转折点。我的很多影片的

145

结局，都是转折点。然后，它又开始了。但它开始是为了什么么，我并不知道。[1]

《意大利之旅》这个不确定结局的例子，来自劳拉·穆尔维的近作《二十四分之一秒的死亡：静止与活动影像》（*Death 24x a Second: Stillness and the Moving Image*, 2006）。穆尔维提出，电影——尤其是最近的数字形式的电影——对我们的时间观念，有非常重要的启示。在剪辑过程和新观影实践（比如在家庭观影时暂停播放）中实现的对直线性（时间）的中断，引起我们注意电影既静止又运动的、既停顿又前冲的性质（并且我们可能在此意识到它与拉康的死亡驱力模式有点相似，是用来支撑穆尔维的著作的逻辑）。正如死亡驱力的很多相互冲突的属性，在伦理方面可能是创造性的，也可能是与死亡相关的，那么，这种被中断的观影——穆尔维所谓的"延时的电影"（delayed cinema）——就记录时间、观看时间和故事时间的关系而言，创造了新的含义。对于摄影艺术和电影之间的关系，通常被描述为给僵死的东西赋予运动和生命。同理，穆尔维认为，一种新颖的意识（死亡作为一种新的创造性）通过数字技术和录像技术，渗透到电影生产中，加强了剪辑始终保有的能力——（使）停止，（使）运动，坚持运动和停滞之间永久的、无法解决的关系。

如果通过心理分析的透镜，"未来"（the future）可以被想像成复数的、分裂的和创造的，而不是线性的、规范的和生殖的，那么，电影和拉康式的心理分析很可能就是伦理思考的未来。埃德曼对死亡驱力说"是"，从而强求我们对"未来"说

1 Žižek, *Enjoy Your Symptom*, 42-43.

"不"。但是我们发现，如果他更加仔细地研究过弗洛伊德和拉康关于死亡驱力的原文，那么，其中关于未来建构，永远都不能为了专一的或者专制的目标而被还原。在这种模型中，时间性根本不是简单的；对立也不会如此清晰。的确，它可能是一种永真式（tautology）。无意识的驱力推动我们通过时间和空间。矛盾和张力是内部的，而不是外在的。心理分析的理论和电影的伦理前景可能最好被理解为新型的模式——抵制和重新想像简单的时间观念以及相应的过于简单的主体性和相关性。

146

9

如果我们是后伦理的会怎样？后

现代主义的伦理与美学

后现代主义

　　围绕后现代主义的很多争论都很关注这种美学和哲学的模式是否能够获得伦理的因素。难道后现代的思考、生产、阅读和观看都预先假定了一种怂恿冷落伦理的态度？或者以只关心"肤浅的"（superficial）而不关心"深刻的"（profound）为前提条件？简言之，是不是宣告了"伦理的消亡"？[1]在一篇评论文化研究的伦理史的文章中，斯莱克和惠特（Slack and Whitt）就是沿着这些线索，坚决主张并且证明，他们将后现代主义的转向视为"道德判断标准的失落"[2]并且"对政治学和伦理学具有严重的、令人不安的影响"。[3]这种评价延续了鲍德里亚对后现代状况的思考。鲍德里亚的思考常常被指责为一种冷漠无情的精神。在《美国》（America, 1986）中，鲍德里亚认为加利福尼亚的沙漠是用来描述后现代主义的最好的隐喻。他声称，这是一种文化的"纪念碑峡谷"，一个让自然和拟象（simulacra）肩并肩存在的地方。沙漠代表同一（the same）的场所，消灭了差异和本质（texture）。鲍德里亚声称："文化不得不变成沙漠，以便让所

1　Bauman, *Postmodern Ethics*, 2.

2　Slack and Whitt, "Ethics and Cultural Studies", 581.

3　Slack and Whitt, "Ethics and Cultural Studies", 582.

有的事物一律平等，以同样的超自然的形式被照出来"。[1]在鲍

148　德里亚看来，后现代性是一种文化状态；在这种状态中，没有什么是真实的（real），相反，所有的东西都是超真实的（hyper-real）。据说，在这样的氛围中，激变或者灾祸可能变得平庸陈腐。电视、电影和互联网激剧扩散一连串持续不断的暴行场景，利用大众娱乐特有的品牌暴力（designer violence），传播大屠杀、核战争与种族灭绝交替的影像/画面。暴力的影像/画面不再警告任何暴力会再次来临，而是造成同样（the same）的令人麻木的重复的效果。人们没有办法，只好什么都不相信。这就是所谓的"共同认可的暴行"（the atrocity of the consensual）。[2]

　　不过，也可能有另一种完全相反的看法。比如，我们可以认为：因为坚持质疑权威、等级和官方历史的"元叙事"或者"宏大叙事"（正如让-弗朗索瓦·利奥塔［Jean-Francois Lyotard］在《后现代状况》［*The Postmodern Condition*, 1979］中的说法），后现代主义实际上是一个令现代主义的普遍化话语（正直、白人、阳刚、中产阶级、异性恋、父权）感到煎熬的、带来多元化的伦理选择的地方。齐格蒙特·鲍曼专门研究后现代伦理学的棘手问题，成果就是以此命名的著作《后现代伦理学》（*Postmodern Ethics*, 1993）。鲍曼将后现代思想的各种潮流与伦理哲学联系起来，为人们从伦理的角度反思后现代主义做出了贡献。反之亦然（从后现代主义的角度思考伦理问题）！鲍曼认为，正像阿兰·巴迪欧这种彻底的反人本主义的思想家所暗示的那样，后现代主义没有放弃（abandoning）关注"现代"道德中

1　Baudrillard, *America*, 121.

2　Ames, "Millenary Anamorphosis", 79.

的所有问题（人权、社会正义、个人需要和集体要求的平衡），相反，后现代的伦理学可以用新的方式处理这些完全相同的问题。根据鲍曼的观点，后现代的伦理学应该揭示"现代社会如何在推广普遍伦理的幌子下奉行偏狭的地方道德"。[1]根据鲍曼的理解，作为一种认识论，在伦理方面变得令人怀疑的正是现代主义，而不是后现代主义；同时，鲍曼还认为，我们时代应有的伦理学和道德规范很可能恰好作为后现代质疑（各种假设）的结果出现。

根据鲍曼的建议——如果它参与质问普遍主义（universalism）潜在的杀他性的专制，那么后现代主义可能就是一种伦理现象——我们一方面要考虑后现代电影创作实践的伦理学，另一方面要从伦理的角度讨论思考后现代主义的方式。本章会问，后现代思想以及后现代的电影美学，是否能够提出可以帮助更加实证主义的道德理论和教导形象摆脱伦理困境的办法。后现代主义中的思想动员，可能同符合我们时代精神（Zeitgeist）的伦理的观看模式一起诞生。

消灭现代主义：塔伦蒂诺的《杀死比尔 1/2》

在考虑后现代主义和电影时，塔伦蒂诺是最先想起的名字之一，因为他的美学常常被认为是后现代电影创作的典范。一位评

1　Bauman, *Postmodern Ethics*, 14.

论家在《卫报》（ *The Guardian* ）上撰文指出：

塔伦蒂诺代表了后现代主义的最后胜利。后现代主义要清空艺术品的全部内容，由此废除它做任何事情的能力，除了无助地表现我们的苦闷和焦虑……只有在这样的时代，也只有像塔伦蒂诺这样的天才，才能创造如此空虚的艺术品，彻底去掉任何政治学、形而上学或者道德兴趣。[1]

不过，正如上文所示，后现代美学与道德空虚之间的联系绝不是显而易见的，也不是毫无异议的。的确，弗雷德·博廷和斯科特·威尔逊的《塔伦蒂诺的伦理学》——少有的专注电影与伦理研究的著作——认为塔伦蒂诺是一个出类拔萃的伦理导演。该书声称，借助作为纯粹欲望的激进伦理学的心理分析模式，塔伦蒂诺"将欲望放回到制作电影的过程中……在这里，欲望是一种他者（Other）的欲望，这种他者可以被设定为'由成千上万的影片构成的数据库'"。[2]在博廷和威尔逊看来，塔伦蒂诺的电影的伦理欲望，既在于它要超越"因为通晓电影的类型传统、主题、修辞、震撼而带来的快乐"，也在于它力求"做得更多"。[3]博廷和威尔逊认为，一部"倒空了内容"的艺术品——根据《卫报》记者的说法，是没有道德原则的标志——就是后现代伦理的空间。一部塔伦蒂诺的电影就是一个档案馆或者参考数据库，这种说法可能让我们想起鲍德里亚的"纪念碑峡谷"以及德里达在《档案狂热》（ *Archive Fever*, 1995 ）中提出的"档案"

1　James Wood, *Guardian*, November 12, 1994.

2　Botting and Wilson, *The Tarantinian Ethics*, 6.

3　Botting and Wilson, *The Tarantinian Ethics*, 7.

概念。博廷和威尔逊提醒我们：在德里达眼里，每一种档案化（archivization）的行为（纪念；为后代保存），都必然需要某种故意遗漏事物的"暴力"，"某种删除、压制或者省略"。[1]在此基础上，确立了语言学意义上的双关语。事实上，塔伦蒂诺纵容自己迷影（cinephilia），扩大了电影参考的库存，不是通过在电影学校学习，而是借助在名叫"影像档案馆"（Video Archives）的录像店里工作之便获得的。根据德里达严格的定义，多元档案的概念，排除了档案作为一种排他性的"个体"（singularity）的含义。因此，这个典故转而关注塔伦蒂诺对电影制度进行民主化的根本原则。实际上，塔伦蒂诺关于制度和影像的伦理档案，变得与德里达式的档案完全相反了，它不认为高级艺术比其他表现形式更加优越，拒绝给高级艺术赋予特权；排除了某些以精英主义为依据的影像，也不拘泥于西部电影的传统。博廷和威尔逊借用并且转述热拉尔德·马蒂内（Gerald Martinez）的访谈，继续说道：

> 塔伦蒂诺拒绝根据某些关于趣味、美学、道德或者功利的外部标准来评判或者分类电影，而是根据他认为是它们的本质特征的东西来评价它们：一部电影只需要"忠于它自己"，不必要"忠于它的体裁"或者"忠于它的时间"；"它的目的"或者它声明的"目标或对象"。一句话，它只需要是"真实自己"。[2]

1　Botting and Wilson, *The Tarantinian Ethics*, 7.

2　Botting and Wilson, *The Tarantinian Ethics*, 8.

150 　　由于塔伦蒂诺的影片故意地、倔强地将各种类型进行拼贴、杂烩，我们可以把这种美学原则称为电影制作活动的后现代伦理学。对于后现代的电影摄制伦理，"忠于自己"可能意味着与忠于"元叙事"——比如类型或者历史——完全对立。博廷和威尔逊指出，在严格的拉康式的意义上，它的意思是"在关系到他者时，忠于自己的欲望"，[1]不过，我还是认为后现代的质问工作，正如鲍曼阐明的，至少是塔伦蒂诺计划中的一部分，就像表达真实欲望的激进的伦理学一样，后者是后拉康派人士进行理论思考的对象。塔伦蒂诺的作品力求忠于的原则是：砸碎现代的漫无边际的确定性。博廷和威尔逊的著作的出版时间，要早于《杀死比尔1》和《杀死比尔2》的拍摄时间（分别是2003年和2004年）。《杀死比尔》采用夸张的后现代策略，借用了一系列包括卡通美学在内的表现模式。由乌玛·瑟曼（Uma Thurman）扮演的主要角色是根据同名的连环漫画《新娘》（*The Bride*）的角色改造的，并且，电影在讲述石井尾莲（O-Ren Ishii）的童年时直接采用了动画的形式；日本的武士电影（比如，影片明确而不无喜剧感地提到新娘和比尔的女儿最喜欢的电影是暴力的《刺杀大将军》[*Shogun Assassin*]这个事实）；西部片；复仇电影；功夫电影。下面，我将根据塔伦蒂诺的伦理/美学追求——制作"忠于它们自己"，而不是忠于某种类型模式的影片——来讨论《杀死比尔1》和《杀死比尔2》，并且对这个计划的丰富性和局限性给予批判性的解释。

　　很多媒体都集中关注《杀死比尔》所描写的暴力——比如，新娘与石井尾莲蓄养的众多武士激战的血腥场面；新娘挖出埃

1　Botting and Wilson, *The Tarantinian Ethics*, 8.

勒·德赖弗（Elle Driver）剩下那只眼珠的镜头——以及观众对暴力的接受可能对生产暴力和消费暴力的文化意味着什么。正如格拉汉姆·巴恩菲尔德（Graham Barnfield）在连线评论时所说的，"目前对《杀死比尔》的狂热崇拜可以被视为这个病态社会的指示器"。[1]他还引用了《卫报》专栏作家乔纳森·弗里兰德（Jonathan Freedland）的话：尽管用电视播送的那个战士的死亡可能让我感到不愉快，但是"当受害者还涂着口红，杀手就是乌玛·瑟曼时，我们就会给钱进去看一看"。[2]暂时撇开（第5章讨论过的）"盲目模仿的暴力是观看暴力场面或者色情表演的结果"这个棘手的问题不谈，因为这种说法是未被证实的，并且极富争议性；对于《杀死比尔》的暴力对观众的影响，弗里兰德的观点忽视了后现代美学的特殊效果。因为《杀死比尔》没有表现真实世界的暴力，而是引用了暴力的美学规范，关注电影以及其他表现形式被建构的性质。在《杀死比尔》中，塔伦蒂诺不打算模仿真实生活，而是要有意识地模仿表现的传统/惯例（traditions of representation），篡改而不是引诱观众的快感和共谋。

塔伦蒂诺采用了多种技巧来打破观众认同奇观或者用线性的方式理解奇观的能力。例如，采用不按时间顺序展开的叙事结构，我们会在复仇电影中期望看到的悬念被削弱了。在《杀死比尔1》的前面部分有这样一个片段：新娘刚刚杀死了维妮塔·格林（Vernita Green），正坐在车里清点她的刺杀名单。这时，我们发现石井尾莲的名字已经被划掉了，暗示刘玉玲饰演的角色在叙事时间里（the time of the diegesis）是最先被杀的对象。

---

1 Barnfield, "Killing *Kill Bill*"（accessed 29/01/09）.

2 Freedland, "The Power of the Gory"（accessed 29/01/09）.

但是，在我们的观影时间里，直到很晚的时候——在《杀死比尔1》的结尾——我们才看见她的死。因此，那个很长的（30分钟）与石井尾莲的军队战斗的场景，没有被允许成为我们渴望揭晓的悬念——究竟会发生什么事。当这一刻来临时，我们早就知道了结局，因为石井尾莲的死已经被记录在新娘的名单上。通过这种方法阻止对叙事悬念的渴望或者期待，既化解了类型的传统，又让我们不知所措，既暗示了某种伦理，也暗示了某种纯粹的美学效果。

然而并不清楚的是《杀死比尔》彻底成功地逃避了观影行为和观众参与的传统或者习惯的规范。记得上一章对死亡驱力的伦理所做的分析，尤其是埃德曼对生殖性未来的拒绝，我们可以证明：在他利用后现代模式玩弄并且掏空暴力规范的计划中，塔伦蒂诺的失败，就在于儿童形象的重要地位（centrality），以及儿童形象唤起的情感反应——作为一种救赎的象征。儿童形象有效地建构并且清晰地表达了《杀死比尔》不连贯的、非线性时间的叙事。从影片开始那个用黑白方式拍摄的段落中，我们听见新娘——浑身瘀伤，难以动弹，正在流血——喘着气对正拿枪指着她的比尔说："这是你的孩……"话音未落，枪就响了。在新娘与维妮塔·格林遭遇的场景中，正是维妮塔的女儿尼基（Nikki）——作为催化剂，促使新娘停止打击维妮塔——表明，她希望不要在孩子面前杀死孩子的妈妈。我们发现，这种幻想在《杀死比尔2》快要结束前的闪回中得到了回应：当时，乌玛·瑟曼饰演的角色——刚刚发现自己怀孕了——在劝说另一个杀手。这个杀手来到她的房间，不是为了杀她，因为她正怀着一个未出生的孩子。最后，《杀死比尔》结局的意义完全取决于这个理念——母性的拯救力量。当新娘来到比尔的住处，准备实施影片标题"杀死比尔"所示行动时，正是一个意外的发现——她的女儿根本没有死，而且是由比尔在抚养——将新娘从后现代的血肉之躯/动作形象（action-figure-made-flesh）"升华"为在心理学上可以辨识的、在传统上富有同情心的典型——母爱的化身。在片尾的演职员表中，这种理念被铭刻在影片显眼之处。我们看见一连串"致命毒蛇暗杀小组"成员的化名，乌玛·瑟曼扮演的角色的化名包括Beatrix Kiddo, The Bride, Black Mamba以及最后一个并且也是具有决定性意义的Mommy。

　　我认为，当新娘向与影片同名的反英雄（比尔）复仇的动机被揭示出来时——主要是为了保护并且要回她的孩子——影片就变成了别的东西，而不只是由一连串文化风景构成的电影之旅（一种"纪念碑峡谷"或者一系列"档案"）。由于多愁善感的母性话语的蔓延，塔伦蒂诺冒险地破坏了他自己的后现代拼贴计划。母性的话语（discourse of maternity）与影片中表现的其他所有的话语——性别化的、意识形态的、或者美学的——都不一样，好像不是在表面层次上运行的，也不是通过与其他话语的并置而直接被相对化的。相反，它被赋予了先验的真理叙事的重要性。乌玛·瑟曼的角色的道德被恢复了——尽管她曾经是一个残暴的杀手——她的（不适当的"男性/阳刚的"）暴力身份，因为她对女儿的母爱而得到了开脱（使她再次变成安全的"女性"，故而也是传统的、可以接受的）。通常，塔伦蒂诺的电影被认为是关于后现代真理的电影。前述的破坏对这种看法有什么影响呢？首先，如果一部塔伦蒂诺的电影"唯一的真理"在于它真正地践行了他自己的计划——将不同的规范和美学并置在影片

152

的表面，使之相互参照比较——那么，《杀死比尔》中的母性主题可能会取消这个意义上的"真理"。在不断提及的宏大叙事和类型传统中，像圣像一样的母与子的形象，不只是可以相互抵消的，而是相反，它应该被理解为要同时结束叙事本身和引用游戏。引用（citations），曾经在现代的道德性故事之外，提供了另一种选择。在被引用的类型的原始版本中，也有不少现代的道德性故事。

其次，可以将乌玛·瑟曼的角色在《杀死比尔》中的主要轨迹想像为真理主体的轨迹，正如巴迪欧在讨论现代和后现代伦理哲学之外的选择时所说的那样。新娘不屈不挠地搜索她必须要杀死的那些人，一心一意地耐心寻找杀死他们的办法（为了那把武士刀，她足足等了30天，她就要用它来杀死石井尾莲。这把刀是铸刀大师亲手制作的，他还发誓再也不制造另一把刀）。她就像巴迪欧描写的真理的"斗士"，他们激励自己的座右铭就是"坚持！"[1]在巴迪欧看来，伦理的化身乃是这样的主体——他的真理的基础，不是列维纳斯的他者伦理学，也不是更宽泛的"人权"概念，而是一种主观的忠诚——力求"通过它自己的忠诚，获得真理，打败邪恶"。[2]如果巴迪欧的伦理概念——像齐泽克的一样——在于彻底忠于自己的欲望的真理（尽管巴迪欧没有用"欲望"一词作为核心概念），那么，在"男人牺牲的概念"（the victimary conception of Man）、"无形的民主"和"文化相对主义"中看到的，向"'伦理'思想形态"的诱惑投降，就意味着真理的没落。[3]母性的话语可能最好出现在一系列

1　Badiou, *Ethics*, 91.

2　Badiou, *Ethics*, 91.

3　Badiou, *Ethics*, 91.

广泛的现代性的"伦理思想"或者伦理概念中。根据巴迪欧的观点，现代性的伦理概念，非常依赖人道主义的保守主义思想。塔伦蒂诺利用母性作为唯一的宏大叙事，可以将他的故事从表面调解上拉回来。影片没有打碎将女性的生殖能力与麦当娜式的美德（Madonna-esque virtue）联系起来的意义生成机制（meaning-making system）。如果它这样做了，塔伦蒂诺的结尾方式就不再具有救赎的意义，因为它不会吸收共同的文化价值——赞美关爱的母性伦理。最终，从传统的角度，这件事可以被认为揭示了电影的某种伦理因素（至少是道德因素），也可以通过后现代伦理学的透镜读解为否定影片的伦理计划——表达它的无限引用的欲望，不持任何立场，不支持道德的任何令人安慰的现代叙事。它将自己追求"真理"的动力放到了"多愁善感"的祭坛上。

153

后人类主义：《异形》与他者性

作为一种与后现代相关的思想，后人类（posthuman）是指这样的认识："人本主义"和"人类"，这些根本的、不变的身份，都是虚构，甚至是现代主义所有的元叙事中最伟大的虚构。根据福柯在《事物的秩序》中的观点，在19世纪时，现代的人文科学同时把"人"（man）作为理性的（intellectual）和认识的（epistemic）研究主体和客体，从而创造了人类（the human being）。因为他的创造具有不确定性，所以他延续的存在也一样是主观的，并且取决于特定的文化-历史参照点。"如果那些约定俗成要消失，就像它们的出现一样"，福柯说，那么"人就可能要被抹去，就像画在沙滩上的脸会被海水冲掉一样"。[1]巴迪欧的伦理意识形态批评，不但接受了福柯的立场，并且建立在某种相似的基础上：从善良、权利或者"人"的价值这些根本的信仰中派生出来的道德规范都是对"真理"的扭曲。巴迪欧回应并且改造福柯的观点，声称人是"一种能够承认他自己是受害者的生物"。[2]在巴迪欧看来，正是现代人痴迷于防止他者和自我成为受害者，阻碍了追求"真理"的道路。

　　人类把自己创造成一种特别的、独一无二的实体（entity），这个想法从历史上可以追溯到福柯引为基础的社会科学诞生之前。在他编著的《后人类主义》读本（Posthumanism）的序言中，尼尔·巴德明顿（Neil Badmington）认为笛卡尔（Descartes）的《方法论》（Discourse on the Method, 1634）在建构人的观念的过程中发挥了关键性的作用。笛卡尔指出，如果我们要面对一个机械，它的外貌和器官与猴子完全一样，甚至也能吃能喝、能跑能动，那么我们可能没有办法区别它们，因为它们在本质（essence）上没有什么不同。但是，我们不会被一个像人一样的机器弄糊涂，因为人类拥有可以将人和动物以及机械区别开来的本质：理性（reason）。巴德明顿认为，在17世纪表达的这种人类本质的特殊观念，还要继续影响我们的想像，并且定义我们作为人类的概念。后现代主义及其衍生的后人类主义，可能作为某种思考方式，通过这种思考方式，某些确定的事情，比如

1　Foucault, *The Order of Things*, 422.

2　Badiou, *Ethics*, 10.

作为人的独特性，可能会产生疑问，甚至遭到怀疑。我们与人的本质这个固定观念之间的纽带，可能——并且必定——会被有效地松开。

允许我们有效地思考这些观念的一系列影片是《异形》（*Alien*）四部曲：《异形》，雷德利·斯科特（Ridley Scott），1979；《异形2》，詹姆斯·卡梅隆（James Cameron），1986；《异形3》，大卫·芬奇（David Fincher），1992；《异形4：浴火重生》（*Alien: Resurrection*），让-皮埃尔·热内（Jean-Pierre Jeunet），1997。与《杀死比尔》不一样，《异形》系列电影的形式不能被认为是后现代的。它们是围绕叙事悬念和三维人物塑造的传统模式结构而成的。这些传统属于科幻/恐怖类型的一部分。当然，《异形》四部曲也部分地属于科幻/恐怖的类型。但是这些电影——尤其是《异形2》和《异形4》——可以从主题和哲学上思考成为后人类的含义。

如果《异形》系列电影是以相对传统的、正式的方式利用悬念和观众认同，那么，它们要求我们产生的某些认同却是挑战性的、异乎寻常的。尤其是，它们围绕着物种忠诚（species loyalty）的概念运转，并且对人类本位说（anthropocentrism）表示怀疑。后人类主义正打算废黜人类本位说。在四部电影中，被发射到太空中的各种飞船上的全体船员，是由自然人和安卓人（androids）混合在一起的。安卓人，也称"人造人"或者"合成人"（synthetics），很难用肉眼分辨他们与人类的区别。在《异形1》中，安卓人阿什（Ash）发生了故障，并且试图用一种古怪的性欲化的攻击方式杀死西戈尼·韦弗（Sigourney Weaver）饰演的角色里普利（Ripley）——他/它使劲地把一本色情杂志压在她的喉咙上，直到她窒息为止。在《异形2》中，里普利发现同伴船员毕晓普（Bishop）是一个合成人，于是明显感到不安而且有点厌恶。当她用这个词来描述他时，毕晓普回答说，"我自己更喜欢人造人［artificial person］这个词"。这段对话非常明显地让我们想起了关于对社会上的少数群体使用非轻蔑语言的当代话语。但是在这个虚构的例子中，同者与他者之间的区别，跨越了人类/人为（human/artificial）障碍看似绝对的极限。不过，随着四部电影的进程，这种障碍不断地被避免，并且被打破了。到了《异形2》的结尾，毕晓普已经证明他自己是一个忠诚可靠的同事，最终帮助了里普利和小孩纽特（Newt）逃离了被殖民的星球，致命的异形生命在那里留下了埋伏。里普利承认自己有愧，并且对他说："你干得很棒！"后来，当她帮助他们所有的人摆脱了悄悄登上飞船的异形生物时，他也对她做出了回应："不赖——对于人类来说。"但是，这不仅仅是一个关于容忍差异的寓言（一个直白的道德故事，或者用巴迪欧的话说，一个"伦理意识形态"的神话）。相反，差异的概念本身也逐渐地消失了。前三部电影的认同行动（identificatory movement）和故事悬念所围绕转变的能够辨别"本质的"或者"真正的"（与之相对的是，不真实的或者机器的）人的问题，在《异形：浴火重生》中彻底被极端化了，因为在银幕上代表我们的女性——里普利——不再是"她自己"，而是先前那个里普利的克隆，一个身体更加有力，并且明显更少"道德"的相似物，完全就是一个后人类。在前三部电影中，我们一直处在认同里普利的位置。现在，我们不得不问自己，当她既不是同一个她（the same），也不是天生的（natural）她，甚至不是人类时，我们还在继续认同她，这究

155

竟意味着什么？

在《异形》四部曲中呈现的另一种明显的伦理冲突是人类（包括与人类相像的"人造人"）与完全不同的、不能简化的另类生物之间的冲突，即人类（humans）与异形（aliens）之间的冲突。强壮如机器，能够流血或者分泌酸液腐蚀它接触的任何东西，能够将它们的卵发射到人类的身上让人类为它们孕育，这些生物是科幻或者恐怖类型出类拔萃的怪物。与这些怪物的战斗，最先直接被结构成"我们与它们"的战斗，善与恶的冲突。不过，随着四部电影的推进，这种冲突被复杂化了。

在《异形2》里，LV-426行星——这个在第一部影片中发现的异形的家园——被殖民统治了，并且殖民的人口中，只有一个小女孩纽特，她是异形造成的大毁灭中唯一的幸存者。里普利照顾小孩的场面对这个故事非常重要，就像《杀死比尔》一样，突出一个强悍的或者非传统意义上的妇女突然表现出母爱的潜力。不过，里普利和纽特之间的关系有一种功能：超过了救赎性的儿童形象的埃德曼式的动力。在LV-426行星上，里普利和船员们发现一个异形的女王可以生产成千上万的卵来孵育后代，并且有一批新鲜的卵即将孵出的幼崽。因此，生殖和分娩的主题被凸显出来，响应了《异形1》中那个符号化的场景：执行官凯恩（Executive Officer Kane）"诞生"了异形。他并不知道自己怀上了异形。异形冲爆他的肚子，直接蹦了出来。另外，在《异形2》中，母性的形象被用于非常特殊的效果。里普利与异形女王两次面对面地遭遇。第一次遭遇是一个令人难忘的场景，由异形女王和里普利之间正反打的特写镜头构成：异形女王非人的脸，凸出的下巴，泛着金属光泽的眼睛；里普利正在保护性地抓住纽特小小的身体。妇女与儿童的形象立即诉诸前面讨论过的多愁善感法则，并且鼓励最传统的认同反应。不过，这种反应很快就被干扰了，因为里普利已经开火了，并且烧掉异形女王的卵。异形女王痛苦地喊叫，既令人动容，也令人不安。我们渐渐意识到，里普利对纽特的保护，与异形女王试图挽救被里普利破坏的卵，看起来是一致的。她们面对面的正反打的构图，暗示一种更亲密/直接的相互映照，而不仅仅是一种照面（face-off）或者遭遇。当我们意识到她们两者的处境非常相似时，此刻，我们会觉得左右为难：到底该认同（并且赞美）"非人类"还是"人类"？在运用广泛的科幻类型中，这种破裂的时刻常常利用人们对不可控制的他者性的恐惧，认为它会威胁我们的集体身份（通常是国家）。库普弗曾经讨论过《异形2》的伦理特质，根据是里普利的形象和她对纽特的保护提供了一种美德模式（a model of virtue）。他写道："影片在叙事上利用纽特作为道具，里普利可以用它来展示自己热情、关爱和培育的美德，我们在纽特身上看见一个缩微的里普利"。[1]里普利这个角色之所以能够激起伦理反应，只是因为她表现了（典型的女性的）爱护伦理的价值。这种推测——冒险地读解影片——掉入"无视性别"（gender-blind）的陷阱，塔伦蒂诺的《杀死比尔》也未能幸免。并且，这种假设还冒险地避免更大的伦理问题——我们为什么只能认同、投入或者关心与我们相同的种群。这一对相互映照的母亲形象为我们引出了根本性的问题：关于生物之间的关系，以及我们要求分辨的他们之间的价值，都超越了"美德"模式。

在《异形2》中，里普利和异形女王被推进了彼此相斗的陷

1　Kupfer, *Visions of Virtue*, 217.

阱，这种做法的伦理意义，在真相揭晓时被加强了。事实最终表明，里普利被骗了，而且，她和异形女王实际上都只是公司为了实现大阴谋的马前卒。里普利的使命，不像卡特·伯克（Carter Burke）在她同意加入陆战队做顾问之前向她保证的那样——是要歼灭破坏性的异形——此行的真正目的，是要把异形带回地球作为公司生化武器部门的战争工具。由伯克开发的星际资本主义，作为真正的政治的敌人，在《异形2》中出现了。里普利为了"善行"而展开的战斗，最后得到了微妙的改造：不再是对异形的战斗，而是要挫败公司的贪婪和背叛。不过，当她试图杀死伯克时，里普利又被迫毁灭另一个女性的身体——可能要变成人类的殖民商品的身体。关于性别、团结、统治及人性的力量和渗透性的疑问在这里涌现出来。在她们第二次遭遇时，异形女王想抓住纽特，作为对里普利焚毁她的卵的报复。里普利登上叉式装弹机，看起来一半是机器一半是女人；一个赛博人与一个非人类的对手展开战斗。此刻，值得注意的是，西戈尼·韦弗的角色已经不完全是人类了，并且，支撑我们认同感的锚点再次被松开了（预示了我们将在《异形：浴火重生》中感受到的惊恐，那时，里普利不仅是她自己的克隆，而且是另一个异形女王的孵化器）。我们该怎样吸取关于人类和非人类的教训呢？特别专注地看看那些紧要的时刻——我们关于人类身份的确定性遭受了严峻的考验。

　　贯穿整个《异形》四部曲，故意地、复杂地（越来越实验性地）把玩电影的认同模式，导致观众丧失了熟悉的身份认同的感觉。《异形》系列提出的这个激进的伦理问题，注意到我们应该总是忠诚于同类的范围。说得更狠点，它暗示：一种只是基于

157

保护人类理想的伦理学，必然是杀他性的。《异形2》的对话暗示了对这种杀他性的理解。当飞船陷入黑暗时，里普利意识到这是因为异形从源头切断了动力。水兵哈德森认为这不可能，因为"它们是动物"，所以不能进行推理，也不能以这种足以挑战，甚至超过"我们"的水平的方式进行回击。这样，它好像解释了伯克为什么喜欢利用异形作为破坏性武器；为什么将它们工具化，而不是把它们看作目的本身（ends in themselves）。这让人想起了康德的伦理范式。不过，在原始的语境里，康德的范式只适用于人类。

在《异形2》中形成的这种后人类的伦理质疑，对生态批评中盛行的争论提供了一个十分精彩的类比。生态批评的争论关注人类本位的意识形态，认为它为了人类获得的短期利益，牺牲了整个星球及其无数生命形态的长远未来（这无意识地模仿了笛卡尔的逻辑：因为人类有理性，而动物没有，所以我们毫无疑问有权做出影响它们生存的各种决定）。这些假设导致我们给我们发觉可能最"人类"或者最"像人类"的任何动物类（animal-kind）赋予较高的地位。艾丽斯·库兹尼亚（Alice Kuzniar）戏称为"人类正统性"（anthronormativity）。[1]德里达也暗示过与非人类相关的的伦理相对性问题。这是一种在现有的哲学假定之内很难确切阐述的，但又绝不能忽视的关系。比如，他问："一个动物怎么能够正视你？"[2]诺琳·吉弗内（Noreen Giffney）和迈拉·J.赫德（Myra J. Hird）编著的文集《古怪的非人类》（Queering the Non-Human, 2008）用美西蝾螈（Axolotl）图片作

1　Kuzniar, "Melancholia's Dog".

2　Derrida, "The Animal That Therefore I am(More to Follow)",　377.

为封面，卡尔·格里姆（Karl Grime）保存在酒精中的蝶螈，它那神秘而怪异的胜利的微笑，促使他们思考这样的问题：面对被描绘的生物，在判断它们是"人类"还是"非人类"的地位时，知识、猜测和文化共鸣对我们的反应带来了什么影响？[1]

值得注意的是，在论及文化研究中后现代转向的危险时，斯莱克和惠特假设，在环境保护论这种观念中，"生态系统取代个人，成为根本的道德基线或者道德分析的单位，我们会根据这个基线或者单位来思考什么在道德上是对的或者错的"，[2]所以伦理学现在必须放到环境保护论中来。我可能不同意这是我们时代唯一长期适当的伦理关切，并且意识到这种关切是很容易收回的，就像"伦理的"意识形态或者说教的律令一样，如果我们倾向于激进的巴迪欧式的自我伦理学以及它对政治正确话语的批评。不过，具有讽刺意味的是，斯莱克和惠特之所以得出了他们的关于需要去个人中心的结论，是通过摒弃后现代主义和后人类主义，而不是接受它们具有质问性的能量，就像德里达、库兹尼亚、吉弗内和赫德尝试做到的那样。正因为它们能够用相对化的方式面对人类的小心思（small concerns）——在现代性中，不太相称地变大了——根据包罗万象的后人类主义发出种种的疑问，对我们当前面临的全球的、人文主义的、生态学的困境做出了深刻的伦理观察。

158

---

1 Giffney and Hird, "Introduction", *Queering the Non-Human*, 1.

2 Slack and Whitt, "Ethics and Cultural Studies", 572.

结　语

在本章中，我显然并不赞成这种看法，即后现代主义和后人类主义，它们在电影和理论中的体现，与伦理和道德的问题是完全脱节的；它们完美的后天性（posteriority）令"万事俱休"（over it all），对于伦理目标是没有用的（或者更糟糕地，在它们无所不包的冷漠中，伦理学几乎成了累赘）。后现代将叙事、身份以及人性（humanness）从意义固定的位置上解放出来，可以反过来被认为是调动了质疑的力量。这时，质疑和追问顺着拆散的线索承担了伦理质询的力量。鲍曼曾经雄辩地说道：

> 现代性具有奇怪的可以挫败自我反思的能力；它给自我再生的机制缠上幻想的面纱，没有面纱，这些机制……就不能正常地运行……总之，"后现代的观点"……就是要撕掉幻想的面具；判定某些主张是虚假的，某些目标是既达不到也不值得渴望的。[1]

后现代电影的成功之处在于，把先前隐藏的针线暴露出来了。以前，正是这些针线，将类型化的、性别化的叙事缝合起来，并且支撑起这些叙事的逻辑必然性的自然主义观念。有时候，正如我对《杀死比尔》的读解，宏大叙事充满了太多意味深长的权威，以至于完美的后现代解构程序都无法将它完全消除，比如，《杀死比尔》中新娘"天生的"母性本能以及"适当的"

1　Bauman, *Postmodern Ethics*, 3.

女性气质。因此，正是在伦理-政治批评的读解和观影活动中，在电影制作吸收去神秘化能量的过程中，后现代的洞察与见解可能显得最强大。

在《文化研究的伦理》（*The Ethics of Cultural Studies*）中，乔安娜·齐林斯卡（Joanna Zylinska）对21世纪文化理论家充满伦理色彩的批评任务，提出了相似的看法：

> 我们一定不要忘记，伦理学没有发展成一个封闭的道德系统，并且，这种系统如果存在，在任何时候都是霸权斗争的结果。因此，我们的任务，文化研究的任务，就是要回应凝固的价值系统——通过"争论的契机"和干预——同时要记住，根本不存在任何封闭的伦理系统，可以永远充满普遍性的内容。[1]

159

对我们的投资、我们的信仰系统以及我们的认同进行某种批判性的质询，毕竟是我们最可行的伦理学术和政治姿态。本章的分析故意借用了很多伦理哲学的观点，对于完全相同的影像或者表现，它们往往会做出两种甚至更多种完全相反的阐释，并且获准保持未解决的、不稳定的紧张状态（没有陷入二元论）。这种策略允许对齐林斯卡暗示的各种"凝固的"意义和道德规范进行某种适度的相对化处理（relativization）。透过多元的后现代观念，后现代的电影制作和观影活动重新显现出来，不再是空虚或者浅薄的行为，而是一种针对当代语境的有效的伦理。

1　Zylinska, *The Ethics of Cultural Studies*, 22.

参考文献

Aaron, Michele, "Til Death Us Do Part": Cinema's Queer Couples Who Kill' , in *The Body's Perilous Pleasures*, ed. Michele Aaron (Edinburgh: Edinburgh University Press, 1999), 67–84.

——, *Spectatorship: The Power of Looking On* (London: Wallflower, 2007).

Aitken, Ian, *European Film Theory and Cinema: A Critical Introduction* (Edinburgh: Edinburgh University Press, 2001).

Ames, Sandford S., 'Millenary Anamorphosis: French Map, American Dream' , *L'Esprit créateur*, 32, 1992, 75–82.

Antelme, Robert, *The Human Race*, trans. Jeffrey Haight and Annie Mahler [1947] (Evanston, IL: Northwestern University Press, 1998).

Appiah, Kwame Anthony, *The Ethics of Identity* (Princeton, NJ; Woodstock: Princeton University Press, 2005).

——, *Cosmopolitanism: Ethics in a World of Strangers* (London: Allen Lane, 2006).

Appignanesi, Josh and Devorah Baum, '*Ex Memoria*: Filming the Face – Memorialisation, Dementia and the Ethics of Representation' , *Third Text*, 21, 1, 2006, 85–97.

Arendt, Hannah, *On Revolution* (London: Faber & Faber, 1963).

Aristotle, *The Nicomachean Ethics*, trans. J. A. K. Thomson (London: George Allen & Unwin, 1953).

Armengaud, Françoise, 'Faire ou ne pas faire d'images. Emmanuel Levinas et l'art d'oblitération', *Noesis*, 3, 2005 http://revel.unice.fr/noesis/document. html?id=11#ftn13.

Assiter, Alison and Carol Avedon (eds), *Bad Girls and Dirty Pictures: The Challenge to Reclaim Feminism* (Pluto: London, 1993).

Atkinson, Michael, 'Michael Winterbottom: Cinema as Heart Attack' , *Film Comment*, 34, 1, 1998, 44–47.

Aumont, Jacques, *Du visage au cinéma* (Paris: Cahiers du cinéma, 1992).

Avedon, Carol, 'Snuff: Believing the Worst' , in *Bad Girls and Dirty Pictures: The Challenge to Reclaim Feminism*, ed. Assiter and Avedon, 126–30.

Badiou, Jean, *Ethics: An Essay on the Understanding of Evil*, trans. Peter Hallward [1998] (London; New York: Verso, 2001).

Badmington, Neil (ed.), *Posthumanism* (Basingstoke: Palgrave Macmillan,

2000).

Baecque, Antoine de, *La Cinéphilie: invention d'un regard, histoire d'une culture 1944-1968* (Paris: Fayard, 2003).

Barnfield, Graham, *Killing Kill Bill*, www.spiked-online.com/ Articles/00000006DF88.htm. Baudrillard, Jean, *De la séduction* (Paris: Galilée, 1979).

——, *America*, trans. Chris Turner (New York: Verso, 1988).

Bauman, Zygmunt, *Postmodern Ethics* (Oxford: Blackwell, 1993).

Bennington, Geoffrey, 'Deconstruction and Ethics' , in *Deconstructions: A User's Guide*, ed. Nicholas Royle (Basingstoke: Palgrave Macmillan, 2000), 64–82.

Beugnet, Martine, *Claire Denis* (Manchester: Manchester University Press, 2004).

Boltanski, Luc, *Distant Suffering: Morality, Media and Politics*, trans. Graham D. Burchell [1993] (Cambridge: Cambridge University Press, 1999).

Boos, Stephen, 'Rethinking the Aesthetic: Kant, Schiller, and Hegel' , in *Between Ethics and Aesthetics: Crossing the Boundaries*, ed. Dorota Glowacka and Stephen Boos (Albany, NY: State University of New York Press, 2002), 15–27.

Bordwell, David, *The Films of Carl-Theodor Dreyer* (Berkeley, CA; London: University of California Press, 1981).

Botting, Fred, *Gothic* (London; New York: Routledge, 1995).

Botting, Fred and Scott Wilson, *The Tarantinian Ethics* (London: Sage, 2001).

Bowie, Malcolm, *Psychoanalysis and the Future of Theory* (Oxford: Blackwell, 1993).

Bristow, Joseph, *Sexuality* (London; New York: Routledge, 1997).

Brunette, Peter and David Wills, *Screen/Play: Derrida and Film Theory* (Princeton, NJ: Princeton University Press, 1989).

Bukatman, Scott, 'Zooming Out: The End of Off-Screen Space' , *in The New American Cinema*, ed. Jon Lewis (Durham, NC; London: Duke University Press, 1998), 248–72.

Butler, Judith, *Precarious Life: The Power of Mourning and Violence* (London: Verso, 2004).

Calhoun, Dave, 'White Guides, Black Pain' , *Sight and Sound*, 17, 2, 2007, 32–35.

Caputi, Mary, *Voluptuous Yearnings: A Feminist Theory of The Obscene* (London: Rowman and Littlefield, 1994).

Cavell, Stanley, *Cities of Words: Pedagogical Letters on a Register of the Moral Life* (Cambridge, MA: Harvard University Press, 2004).

Celeste, Reni, 'The Frozen Screen: Levinas and the Action Film', *Film-Philosophy*, 11, 2, 2007, 15–36.

Chion, Michel, 'Le détail qui tue la critique de cinéma', *Libération*, 22 April 1994.

Chouliaraki, Lilie, *The Spectatorship of Suffering* (London: Sage, 2006).

Cook, Bernie (ed.), *Thelma and Louise Live! The Cultural Afterlife of an American Film* (Austin: University of Texas Press, 2008).

Cooper, Sarah, *Selfless Cinema?: Ethics and French Documentary* (Oxford: Legenda, 2006).

——, 'Introduction – The Occluded Relation: Levinas and Cinema', *Film-Philosophy*, 11, 2, 2007, i–vii.

Copjec, Joan, 'The Orthopsychic Subject: Film Theory and the Reception of Lacan' in *Film and Theory: An Anthology*, ed. Robert Stam and Toby Miller (Oxford: Blackwell, 2000), 437–55.

Crignon, Philippe, 'Figuration: Emmanuel Levinas and the Image', *Yale French Studies*, 104, 2004, 100–125.

Critchley, Simon, *The Ethics of Deconstruction: Derrida and Levinas* (Oxford: Blackwell, 1992).

Daney, Serge, *Devant la recrudescence des vols de sacs à main: cinéma, télévision, information*, 1988–1991 (Lyon: Aléas, 1991).

——, 'Le Travelling de Kapo', *Trafic*, 4, 1992, 5–19.

Dardenne, Luc, *Au dos de nos images* (Paris: Seuil, 2005).

Davis, Colin, *Ethical Issues in Twentieth-Century French Fiction: Killing the Other* (Basingstoke: Palgrave Macmillan, 2000).

——, 'Levinas at 100', *Paragraph*, 29, 3, 2006, 95–104.

De, Esha Niyogi, 'Decolonizing Universality: Postcolonial Theory and the Quandary of Ethical Agency', *Diacritics*, 32, 2, 2002, 42–59.

Dean, Tim, 'An Impossible Embrace: Queerness, Futurity and the Death Drive', in *A Time for the Humanities: Futurity and the Limits of Autonomy*, ed. James Bono, Tim Dean and Eva Plonowska Ziarek (New York: Fordham University Press, 2008), 112–40.

Deleuze, Gilles and Félix Guattari, *Anti-Oedipus: Capitalism and Schizophrenia*, trans. Robert Hurley, Mark Seem and Helen R. Lane [1972] (Minneapolis, MN: University of Minnesota Press, 1983).

——, *A Thousand Plateaus: Capitalism and Schizophrenia*, trans. Brian Massumi [1980] (Minneapolis, MN: University of Minnesota Press, 1987).

Derrida, Jacques, *Memoirs of the Blind: The Self-Portrait and Other Ruins*, trans. Pascale-Anne Brault and Michael Naas [1990] (Chicago; London: University of Chicago Press, 1993).

——, *Spectres of Marx: The State of the Debt, the Work of Mourning, and the New International*, trans. Peggy Kamuf [1993] (New York; London: Routledge, 1994).

——, 'The Deconstruction of Actuality: An Interview with Jacques Derrida',

Radical Philosophy, 68, 1994, 28–41.

——, 'The Spatial Arts: An Interview with Jacques Derrida' , trans. Laurie Volpe, in *Deconstruction and the Visual Arts: Art, Media, Architecture*, ed. Peter Brunette and David Wills (Cambridge: Cambridge University Press, 1994), 9–33.

——, *Archive Fever: A Freudian Impression*, trans. Eric Prenowitz [1996] (London; Chicago, IL: University of Chicago Press, 1996).

——, *Adieu to Emmanuel Levinas*, trans. Pascale-Anne Brault and Michael Naas [1997] (Stanford, CA: Stanford University Press, 1999).

——, *Of Hospitality*, trans. Rachel Bowlby [1997] (Stanford, CA: Stanford University Press, 2000).

——, *On Cosmopolitanism and Forgiveness*, trans. Mark Dooley and Michael Hughes [1997] (London: Routledge, 2001).

——, *The Gift of Death; and, Literature in Secret*, trans. David Wills [1999] (Chicago, IL; London: University of Chicago Press, 2nd edition 2008).

——, 'Le Cinéma et ses fantômes' , *Cahiers du cinéma*, 556, 2001, 74–85.

——, 'The Animal That Therefore I Am (More to Follow)' , *Critical Inquiry*, 28, 2, 2002, 369–418.

Derrida, Jacques and Safaa Fathy, *Tourner les mots: au bord d'un film* (Paris: Galilée, 2000).

Derrida, Jacques and Bernard Stiegler, *Echographies of Television: Filmed Interviews*, trans. Jennifer Bajorek [1996] (Cambridge: Polity Press, 2002).

Desilets, Sean, 'The Rhetoric of Passion' , *Camera Obscura* 53, 18, 2, 2003, 57–90.

Devi, Mahasweta, *Imaginary Maps: Three Stories*, trans. and intro. Gayatri Chakravorty Spivak (New York; London: Routledge, 1995).

Doane, Mary Ann, 'Film and the Masquerade: Theorizing the Female Spectator' [1982], in *Issues in Feminist Film Criticism*, ed. Patricia Erens (Bloomington and Indianapolis, IN: Indiana University Press, 1990), 41–57.

——, 'The Close-Up: Scale and Detail in the Cinema' , *differences: A Journal of Feminist Cultural Studies*, 14, 3, 2003, 89–111.

Domarchi, Jean, Jacques Doniol-Valcroze, Jean-Luc Godard, Pierre Kast, Jacques Rivette and Eric Rohmer, 'Hiroshima, notre amour' , *Cahiers du cinéma*, 97, 1959, 1–18.

Downing, Lisa, 'Between Men and Women; Beyond Heterosexuality: Limits and Possibilities of the Erotic in Lynne Stopkewich's *Kissed* and Patrice Leconte's *La Fille sur le pont*', *Romance Studies*, 20, 1, 2002, 29–40.

——, *Patrice Leconte* (Manchester: Manchester University Press, 2004).

Duffy, Jean, 'Message versus Mystery and Film Noir Borrowings in Patrice Leconte's *Monsieur Hire*', *French Cultural Studies*, 13, 38, 2002, 209–24.

Dworkin, Andrea, *Pornography: Men Possessing Women* (New York: Perigee

Books, 1981).

——, *Intercourse* (London: Secker and Warburg, 1987).

Eaglestone, Robert, 'Inexhaustible Meaning, Inextinguishable Voices: Levinas and the Holocaust' , in *The Holocaust and the Postmodern* (Oxford: Oxford University Press, 2004), 249–78.

Easthope, Anthony, 'Derrida and British Film Theory' , in *Applying: To Derrida*, ed. John Brannigan, Ruth Robbins and Julia Wolfreys (Basingstoke: Palgrave MacMillan, 1996), 184–94.

Edelman, Lee, *No Future: Queer Theory and the Death Drive* (Durham, NC; London: Duke University Press, 2004).

Epstein, Jean, 'Magnification and Other Writings' , trans. Stuart Liebman, *October*, 3, 1977, 9–25.

Fabe, Marilyn, *Closely Watched Films: An Introduction to the Art of Narrative Film Technique* (Berkeley; Los Angeles, CA: University of California Press, 2004).

Feminists Against Censorship, *Pornography and Feminism: The Case Against Censorship*, ed. Gillian Rodgerson and Elizabeth Wilson (London: Lawrence and Wishart, 1991).

Foucault, Michel, *History of Madness*, trans. Jonathan Murphy and Jean Khalfa [1961] (London and New York: Routledge, 2006).

——, *The Order of Things*, trans. Alan Sheridan [1966] (London; New York: Routledge, 1989).

——, *Discipline and Punish*, trans. Alan Sheridan [1975] (Harmondsworth: Penguin, 1991).

——, *The Will to Knowledge, The History of Sexuality 1*, trans. Robert Hurley [1976] (Harmondsworth: Penguin, 1990).

——, *The Care of the Self, The History of Sexuality 3*, trans. Robert Hurley [1984] (Harmondsworth: Penguin, 1990).

——, *The Use of Pleasure, The History of Sexuality 2*, trans. Robert Hurley [1984] (Harmondsworth: Penguin, 1990).

——, *Technologies of the Self: A Seminar with Michel Foucault*, ed. Luther H. Martin, Huck Gutman and Patrick H. Hutton (Amherst, MA: The University of Massachusetts Press, 1988).

——, *Essential Works of Michel Foucault 1954–1988, vol. 1, Ethics: Subjectivity and Truth*, ed. Paul Rabinow, trans. Robert Hurley et. al. (Harmondsworth: Penguin, 1997).

——, *Essential Works of Michel Foucault 1954–1988, vol. 2, Aesthetics, Method and Epistemology*, ed. James D. Faubion, trans. Robert Hurley et al. (Harmondsworth: Penguin, 1998).

Freedland, Jonathan, 'The Power of the Gory' , *Guardian*, 15 October 2003, www.guardian.co. uk/film/2003/oct/15/comment.features.

French, Peter, *Cowboy Metaphysics: Ethics and Death in Westerns* (Maryland: Rowman and Littlefield, 1997).

Freud, Sigmund, *The Standard Edition of the Complete Psychological Works*, trans. and ed. James Strachey, 24 vols., (London: Hogarth Press and the Institute of Psycho-Analysis, 1953–74).

Frodon, Jean-Michel (ed.), *Le Cinéma et la Shoah: un art à l'épreuve de la tragédie du 20e siècle* (Paris: Cahiers du cinema, 2007).

Garber, Marjorie B., Beatrice Hanssen and Rebecca L. Walkowitz (eds), *The Turn to Ethics* (London; New York: Routledge, 2000).

Giffney, Noreen and Myra J. Hird (eds), *Queering the Non-Human* (Aldershot: Ashgate, 2008).

Hartman, Geoffrey, 'Memory.com: Tele-Suffering and Testimony in the Dot Com Era', *Raritan*, 19, 3, 2000, 1–18.

Haskell, Molly, *From Reverence to Rape: The Treatment of Women in the Movies* (Chicago, IL: University of Chicago Press, 1973).

Heath, Stephen, 'God, Faith and Film: *Breaking the Waves*', *Literature and Theology*, 12, 1, 1998, 93–107.

Hegel, Georg Wilhelm Friedrich, *Introductory Lectures on Aesthetics*, trans. Bernard Bosanquet [1835] (London: Penguin, 1993).

Hiddleston, Jane, *Understanding Postcolonialism* (Stocksfield: Acumen, 2009).

Höyng, Peter, 'Schiller Goes to the Movies: Locating the Sublime in *Thelma and Louise*', *Die Unterrichtspraxis / Teaching German*, 30, 1, 1997, 40–49.

Jay, Martin, *Downcast Eyes: The Denigration of Vision in Twentieth-Century Thought* (Berkeley, CA; London: University of California Press, 1993).

Kabir, Shameem, *Daughters of Desire: Lesbian Representations in Film* (London; Washington, DC: Cassell, 1998).

Kant, Immanuel, *Groundwork of the Metaphysics of Morals*, trans. and ed. Mary Gregor [1785] (Cambridge: Cambridge University Press, 1998).

——, *Critique of Judgement*, trans. Werner S. Pluhar [1790] (Indianapolis, IN; Cambridge: Hackett Publishing Company, 1987).

——, *Religion Within the Limits of Reason Alone*, trans. Theodore M. Greene and Hoyt H. Hudson [1793] (New York: Harper & Bros, 1960).

Kierkegaard, Søren, *Fear and Trembling*, ed. C. Stephen Evans and Sylvia Walsh, trans. Walsh [1843] (Cambridge: Cambridge University Press, 2006).

King, Geoff (ed.), *The Spectacle of the Real: From Hollywood to 'Reality' TV and Beyond* (Bristol; Portland, OR: Intellect, 2005).

Kupfer, Joseph, *Visions of Virtue in Popular Film* (Boulder, CO: Westview Press, 1999).

Kuzniar, Alice, *Melancholia's Dog: Reflections on our Animal Kinship* (Chicago, IL; London: University of Chicago Press, 2006).

Lacan, Jacques, *Écrits: The First Complete Translation in English*, trans. Bruce

Fink (New York: Norton, 1992).

——, *The Seminar of Jacques Lacan, Book VII: The Ethics of Psychoanalysis, 1959–1960*, ed. Jacques-Alain Miller, trans. Dennis Porter (New York: Norton 1992).

——, 'Freud, Hegel and the Machine' , *The Seminar of Jacques Lacan, Book II: The Ego in Freud's Theory and in the Technique of Psychoanalysis, 1954–1955*, ed. Jacques-Alain Miller, trans. Sylvana Tomaselli (New York: Norton, 1988), 64–76.

LaCapra, Dominick, *History and Memory after Auschwitz* (Ithaca, NY: Cornell University Press, 1998), 95–138.

Lanzmann, Claude, 'Holocauste, la représentation impossible' , *Le Monde (Supplément Arts–Spectacles)*, 3 March 1994, i, vii.

——, 'Parler pour les morts', *Le Monde des débats*, 14, 2000, 14–16.

Lapsley, Robert and Michael Westlake, *Film Theory: An Introduction* (Manchester: Manchester University Press, 1988).

Lemire, Elise, 'Voyeurism and the Post-War Crisis of Masculinity in *Rear Window*' , in *Alfred Hitchcock's Rear Window*, ed. John Belton (Cambridge: Cambridge University Press, 2000).

Levi, Primo, *If This Is a Man*, trans. Stuart Woolf [1947/1958] (London: Bodley Head, 1966).

Levinas, Emmanuel, 'Reality and its Shadow' , trans. Alphonso Lingis [1948], in *The Levinas Reader*, ed. Sean Hand (Oxford: Blackwell, 1989) 129–43.

——, *Totality and Infinity: An Essay on Exteriority*, trans. Alphonso Lingis [1961] (Pittsburgh: Duquesne University Press, 1969).

——, 'The Servant and her Master' , trans. Michael Holland [1966], in *The Levinas Reader*, ed. Sean Hand (Oxford: Blackwell, 1989), 150–59.

——, *Otherwise than Being or Beyond Essence*, trans. Alphonso Lingis [1974] (Pittsburgh: Duquesne University Press, 1981).

——, *Ethics and Infinity. Conversations with Philippe Nemo*, trans. Richard A. Cohen [1982] (Pittsburgh: Duquesne University Press, 1985).

——, 'Ethics and Politics' , trans. Jonathan Romney [1982–83], in *The Levinas Reader*, ed. Sean Hand (Oxford: Blackwell, 1989), 289–97.

——, 'Peace and Proximity' [1984], in *Emmanuel Levinas: Basic Philosophical Writings*, ed. Robert Bernasconi, Simon Critchley and Adriaan T. Peperzak, trans. Peter Atterton and Critchley (Bloomington; Indianapolis, IN: Indiana University Press, 1996), 161–69.

——, 'Interdit de la représentation et "Droits de l'homme" ' , in *L'Interdit de la représentation. Colloque de Montpellier, 1981*, ed. Adélie and Jean-Jacques Rassial (Paris: Seuil, 1984), 107–13.

——, *Entre Nous: On Thinking-of-the-Other*, trans. Michael B. Smith and Barbara Harshav [1991] (London: Athlone, 1998).

Lyotard, Jean-François *The Postmodern Condition: A Report on Knowledge*, trans. Geoff Bennington and Brian Massumi [1979] (Minneapolis, MN: University of Minnesota Press, 1984).

M.G., 'Réactions: Questions sur la liberté de création', *L'Humanité*, 29 October 2003.

McGinn, Colin, *Ethics, Evil and Fiction* (Oxford: Oxford University Press, 1997).

McGowan, Todd, 'The Temporality of the Real: The Path to Politics in *The Constant Gardener*', *Film-Philosophy*, 11, 3, 2007, 52–73.

MacIntyre, Alasdair, *After Virtue: A Study in Moral Theory* (London: Duckworth, 1981).

Mackinnon, Catherine, *Feminism Unmodified: Discourses on Life and Law* (Cambridge, MA: Harvard University Press, 1987).

Malausa, Vincent, 'Histoires de fantômes' , *Cahiers du cinéma*, 570, 2002, 78–80.

Maynard, Richard A. (ed.), *African on Film: Myth and Reality* (Rochelle Park, NJ: Hayden Book Co., 1974).

Mayne, Judith, *Claire Denis* (Urbana, IL: University of Illinois Press, 2005).

Moran, Dominic, 'Decisions, Decisions: Derrida on Kierkegaard and Abraham' , *Telos*, 123, 2002, 107–30.

Morrey, Douglas, 'Textures of Terror: Claire Denis's *Trouble Every Day*' , *Belphegor: Littérature populaire et culture médiatique*, 3, 2, 2004, http://etc. dal.ca/belphegor/vol3_no2/articles/03_02_Morrey_textur_en_cont.html.

Moullet, Luc, 'Sam Fuller sur les brisées de Marlowe' , *Cahiers du cinéma*, 93, 1959, 11–19.

Mulvey, Laura, 'Visual Pleasure and Narrative Cinema' , *Screen*, 16, 3, 1975, 6–18.

——, 'Afterthoughts on "Visual Pleasure and Narrative Cinema" inspired by King Vidor's *Duel in the Sun*, *Framework*, 15/16/17, 1981, 12–15.

——, *Death 24x a Second: Stillness and the Moving Image* (London: Reaktion Books, 2006).

Murray, Abigail, 'Voyeurism in *Monsieur Hire*' , *Modern and Contemporary France*, 3, 1993, 287–95.

Nancy, Jean-Luc, 'La Représentation interdite' [2001], in *Au fond des images* (Paris: Galilée, 2003), 57–99.

Nash, Mark, 'Notes on the Dreyer-Text' , in *Screen Theory Culture* (Basingstoke: Palgrave Macmillan, 2008), 70–111.

Nezick, Nathalie, 'Le Travelling de *Kapo* ou le paradoxe de la morale' , *Vertigo*, 17, 1998, 160–64.

Nichols, Bill, *Representing Reality: Issues and Concepts in Documentary* (Bloomington, IN: Indiana University Press, 1991).

——, *Introduction to Documentary* (Bloomington; Indianapolis, IN: Indiana University Press, 2001).

Nobus, Dany, 'The Politics of Gift-Giving and the Provocation of Lars von Trier's *Dogville*', *Film-Philosophy*, 11, 3, 2007, 23–37.

Nussbaum, Martha, *Love's Knowledge: Essays on Philosophy and Literature* (Oxford; New York: Oxford University Press, 1990).

——, 'Non-Relative Virtues: An Aristotelian Approach', in *The Quality of Life*, ed. Martha C. Nussbaum and Amartya Sen (Oxford; New York: Oxford University Press, 1993), 1–6.

Ohlin, Peter, 'The Holocaust in Ingmar Bergman's *Persona*: The Instability of Imagery', *Scandinavian Studies*, 77, 2, 2005, 241–74.

Philibert, Nicolas, 'J'ai choisi l'instituteur, une sorte de double', *Cahiers du cinéma*, 570, 2002, 80–81.

Plato, *Philebus*, trans. Robin Waterfield (London; Harmondsworth: Penguin, 1982).

——, *Phaedrus*, trans. Christopher Rowe (London; Harmondsworth: Penguin, 2005).

——, *Symposium*, trans. Robin Waterfield (Oxford: Oxford University Press, 1994).

Powrie, Phil, 'Unfamiliar Places: "Heterospection" and Recent French Films on Children', *Screen*, 46, 3, 2005, 341–52.

Pryluck, Calvin, 'Ultimately We are All Outsiders: The Ethics of Documentary Filming', *Journal of the University Film Association*, 28, 1, 1976, 21–29.

Rajchman, John, *Truth and Eros: Foucault, Lacan and the Question of Ethics* (London; New York: Routledge, 1991).

Raskin, Richard, *A Child at Gunpoint: A Case Study in the Life of a Photo* (Aarhus: Aarhus University Press, 2004).

Renov, Michael, *The Subject of Documentary* (New York; London: Routledge, 2004).

Rhodes, John David, *Stupendous, Miserable City: Pasolini's Rome* (Minneapolis: University of Minnesota Press, 2007).

Rivette, Jacques, 'De l'abjection', *Cahiers du cinéma*, 120, 1961, 54–55.

Robbins, Jill, *Altered Reading* (Chicago: Chicago University Press, 1999).

Rosario, Vernon, *The Erotic Imagination: French Histories of Perversity* (Oxford; New York: Oxford University Press, 1997).

Rosen, Marjorie, *Popcorn Venus: Women, Movies and the American Dream* (New York: Avon, 1973).

Rousseau, Jean-Jacques, *Discourse on the Origins of Inequality (Second Discourse)*, in *The Collected Writings of Rousseau*, vol. 3, ed. Roger D. Masters and Christopher Kelly, trans. Judith R. Bush, Roger D. Masters, Christopher Kelly and Terence Marshall [1755] (Hanover, NH: University Press of New

England, 1993), 1–95.

Russo, Vito, *The Celluloid Closet: Homosexuality in the Movies* [1981] (New York: Harper and Row, 1987).

Samuels, Robert, *Hitchcock's Bi-textuality: Lacan, Feminisms and Queer Theory* (Albany, NY: State University of New York Press, 1998).

Sartre, Jean-Paul, 'Jean-Paul Sartre répond', *L'Arc*, 30 October 1966, 87–96.

Saxton, Libby, *Haunted Images: Film, Ethics, Testimony and the Holocaust* (London: Wallflower, 2008).

Schamus, James, 'Dreyer's Textual Realism', in *Rites of Realism: Essays on Corporeal Cinema*, ed. Ivone Margulies (Durham, NC; London: Duke University Press, 2003), 315–24.

Schellekens, Elisabeth, *Aesthetics and Morality* (London; New York: Continuum, 2007).

Scher, Lucy, 'Road Movies with a Map', *The Script Factory*, 15 March 2005, www.scriptfactory.co.uk./go/News/Articles/Article_18.html.

Schiller, Friedrich, *On the Aesthetic Education of Man*, trans. Elizabeth M. Wilkinson and L. A. Willoughby [1794–95] (Oxford: Clarendon Press, 1967).

Sedgwick, Eve Kosofsky, *Between Men: English Literature and Homosexual Desire* (New York: Columbia University Press, 1985).

Segal, Lynne and Mary McIntosh (eds), *Sex Exposed: Sexuality and the Pornography Debate* (London: Virago, 1992).

Sicinski, Michael, 'A Fragmented Epistemology: The Films of Abderrahmane Sissako', *Cinema Scope*, 29, 2007, 16–19.

Sissako, Abderrahmane, 'Interview: Abderrahmane Sissako', in Thackway, *Africa Shoots Back* (Bloomington, IN: Indiana University Press; Oxford: James Currey, 2003), 199–200.

——, 'La Conscience que l'Afrique n'est pas dupe', *Positif*, 548, 2006, 17–21.

——, 'Finding Our Own Voices', *Sight and Sound*, 17, 2, 2007, 30–31.

Sklar, Robert, 'A Woman's Vision of Shame and Desire: An Interview with Catherine Breillat', *Cinéaste*, 25, 1, 1999, 24–26.

Slack, Jennifer Daryl and Laurie Ann Whitt, 'Ethics and Cultural Studies', in *Cultural Studies*, ed. Lawrence Grossberg, Cary Nelson and Paula Treichler (London; New York: Routledge, 1992), 571–92.

Smart, Barry, 'Foucault, Levinas and the Subject of Responsibility', in *The Later Foucault*, ed. Jeremy Moss (London: Sage, 1998), 78–92.

Smelik, Anneke, 'Art Cinema and Murderous Lesbians', in *New Queer Cinema: A Critical Reader*, ed. Michele Aaron (New Brunswick, NJ: Rutgers University Press, 2004), 68–79.

Smith, Robert, 'Deconstruction and Film', in *Deconstructions: A User's Guide*, ed. Nicholas Royle (Basingstoke: Palgrave Macmillan, 2000), 119–36.

Sobchack, Vivian, 'Inscribing Ethical Space: Ten Propositions on Death, Representation, and Documentary', in *Carnal Thoughts: Embodiment and Moving Image Culture* (Berkeley; London: University of California Press, 2004), 226-57 (original version of essay published in 1984 in *Quarterly Review of Film Studies*, 9, 4, 283-300).

Sontag, Susan, *Regarding the Pain of Others* [2003] (London: Penguin, 2004).

Stacey, Jackie, 'Desperately Seeking Difference' [1987], in *Issues in Feminist Film Criticism*, ed. Patricia Erens (Bloomington; Indianapolis: Indiana University Press, 1990), 365-79.

Stam, Robert and Ella Shohat, 'Stereotype, Realism and the Struggle over Representation', in *Unthinking Eurocentrism: Multiculturalism and the Media* (London; New York: Routledge, 1994), 178-219.

Stam, Robert and Louise Spence, 'Colonialism, Racism and Representation' [1983], in *Film Theory and Criticism: Introductory Readings*, ed. Leo Braudy and Marshall Cohen (Oxford: Oxford University Press, 6th edition 2004), 877-91.

Sturken, Marita, *Thelma and Louise* (London: BFI, 2000).

Thackway, Melissa, *Africa Shoots Back: Alternative Perspectives in Sub-Saharan Francophone African Film* (Bloomington; Indianapolis, IN: Indiana University Press; Oxford: James Currey, 2003).

Todorov, Tzvetan, *Facing the Extreme: Moral Life in the Concentration Camps*, trans. Arthur Denner and Abigail Pollak [1991] (New York: Henry Holt, 1996).

Ukadike, N. Frank, 'Calling to Account', *Sight and Sound*, 17, 2, 2007, 38-39.

Vincendeau, Ginette, 'Baise-moi', *Sight and Sound*, May 2002, 38.

Wayne, Mike, *Political Film: The Dialectics of Third Cinema* (London: Pluto, 2001).

Weiss, Andrea, *Vampires and Violets: Lesbians in Film* (Harmondsworth: Penguin, 1993).

Wild, Floriane, 'L'Histoire resuscitée: Jewishness and Scapegoating in Julien Duvivier's Panique', in *Identity Papers: Contested Nationhood in Twentieth-Century France*, ed. Steven Ungar and Tom Conley (Minneapolis: University of Minnesota Press, 1996).

Williams, Linda, *Hardcore: Power, Pleasure and the Frenzy of the Visible* (Berkeley; Los Angeles, CA: University of California Press, 1989).

Williams, Linda Ruth, 'Sick Sisters', *Sight and Sound*, July 2001, 28-29.

Wood, James, 'Kill Bill', *Guardian*, November 12, 1994, 12.

Young, Robert J. C., *Postcolonialism: An Historical Introduction* (Oxford: Blackwell, 2001).

Žižek, Slavoj, *Looking Awry: An Introduction to Jacques Lacan Through Popular Culture* (Cambridge, MA: MIT Press, 1991).

——, *Enjoy Your Symptom!: Jaques Lacan in Hollywood and Out* (New York; London: Routledge, 1992).

——, *Everything You Always Wanted to Know about Lacan (But Were Afraid to ask Hitchcock)* (London; New York: Verso, 1992).

——, 'Looking Awry' , in *Film and Theory: An Anthology*, ed. Robert Stam and Toby Miller (Oxford: Blackwell, 2000), 524–38.

——, *The Ticklish Subject: The Absent Centre of Political Ontology* (London; New York: Verso, 2000).

——, *Welcome to the Desert of the Real! Five Essays on September 11 and Related Dates* (London; New York: Verso, 2002).

Zola, Emile, *La Bête humaine* [1890] (Paris: Gallimard, 1977).

Zupančič, Alenka, 'A Perfect Place to Die: Theatre in Hitchcock's Films' in *Everything You Always Wanted to Know about Lacan (But Were Afraid to ask Hitchcock)*, ed. Žižek (London; New York: Verso, 1992), 73–105.

——, *Ethics of the Real: Kant, Lacan* (London; New York: Verso, 2000).

Zylinska, Joanna, *The Ethics of Cultural Studies* (London: Continuum, 2005).

索　引

图书在版编目（CIP）数据

电影与伦理：被取消的冲突 /（英）丽莎·唐宁
(Lisa Downing)，（英）莉比·萨克斯顿
(Libby Saxton) 著；刘宇清译 . —— 重庆：重庆大学出
版社，2019.11（2021.12 重印）
（拜德雅·视觉文化丛书）
书名原文：Film and Ethics: Foreclosed
Encounters
ISBN 978-7-5689-1811-4

Ⅰ.①电… Ⅱ.①丽… ②莉… ③刘… Ⅲ.①电影—
伦理学—研究 Ⅳ.① B82-056
中国版本图书馆 CIP 数据核字 (2019) 第 211526 号

拜德雅 · 视觉文化丛书

电影与伦理：被取消的冲突
DIANYING YU LUNLI：BEI QUXIAO DE CHONGTU

［英］丽莎·唐宁
　　　　　　　　　　著
［英］莉比·萨克斯顿

刘宇清　译

策划编辑：贾　曼
特约策划：邹　荣　任绪军
责任编辑：林佳木　陈　康　邹　荣
责任校对：关德强
书籍设计：张　晗

重庆大学出版社出版发行
出版人：饶帮华
社址：（401331）重庆市沙坪坝区大学城西路21号
网址：http://www.cqup.com.cn
重庆市正前方彩色印刷有限公司印刷

开本：890mm×1168mm　1/32　印张：8.5　字数：210千　插页：32开1页
2019年11月第1版　　2021年12月第2次印刷
ISBN 978-7-5689-1811-4　　定价：48.00元

拜德雅
Paideia
视觉文化丛书

（书名以出版时为准）